VUE.JS
全平台前端实战

凌杰 著

人民邮电出版社

北 京

图书在版编目（ＣＩＰ）数据

Vue.js全平台前端实战 / 凌杰著. -- 北京 : 人民
邮电出版社，2022.5
　ISBN 978-7-115-58390-1

　Ⅰ．①V… Ⅱ．①凌… Ⅲ．①网页制作工具—程序设
计 Ⅳ．①TP393.092.2

　中国版本图书馆CIP数据核字(2021)第269148号

内 容 提 要

　　近十年来前端应用市场的规模日益扩张，学习前端开发及其框架的应用已经成为众多开发者在职业生涯中必须要面对的课题之一。本书将以 Vue.js 框架及其在移动端的扩展框架 uni-app 为中心来探讨如何开发面向同一 Web 服务的不同形式的前端。本书内容涵盖 Vue.js 2.x/3.x 框架与 uni-app 框架的设计理念、适用领域、环境配置方法，以及它们在传统 PC 端 Web 浏览器、iOS/Android 以及微信小程序平台等各类不同前端环境中的具体项目实践。在这些项目的演示过程中，本书将提供大量可读性强、可被验证的代码示例，以帮助读者循序渐进、层层深入地理解前端开发领域所涉及的技术概念、编程思想与框架设计理念。

　　本书适合对 HTML+CSS+JavaScript 技术、HTTP、Web 浏览器中的 DOM 和 BOM 等基础知识有一定了解，且对 Vue.js 及其扩展框架有兴趣的初学者、前端开发人员与设计师阅读。

◆ 著　　　　凌　杰
　　责任编辑　郭　媛
　　责任印制　王　郁　焦志炜

◆ 人民邮电出版社出版发行　　北京市丰台区成寿寺路 11 号
　　邮编　100164　电子邮件　315@ptpress.com.cn
　　网址　https://www.ptpress.com.cn
　　北京市艺辉印刷有限公司印刷

◆ 开本：800×1000　1/16
　　印张：18.25　　　　　　　　2022 年 5 月第 1 版
　　字数：398 千字　　　　　　 2022 年 5 月北京第 1 次印刷

定价：89.90 元

读者服务热线：(010)81055410　印装质量热线：(010)81055316
反盗版热线：(010)81055315
广告经营许可证：京东市监广登字 20170147 号

前言

　　早在我的上一本书——《JavaScript 全栈开发》的审阅阶段，我就常听到一种反馈观点，这种观点是：如果只使用 DOM 和 BOM 接口来编写前端应用，或者只使用 Node.js 运行平台的原生接口编写后端应用，那么对于大多数开发者来说，这都将是一个编码量巨大，调试和维护非常繁复的工作。诚然，在现实的生产环境中，开发者大多数时候是使用一种被称为应用程序框架的工具来应对具体项目的开发工作的，所以，如何使用应用程序框架确实是一个初学者在掌握了基础知识之后紧接着要解决的问题。

　　在编程语境中，应用程序框架通常指一套用于解决特定领域问题的编程工具，这些工具往往是存在适用领域边界的。换言之，我们在开发前端应用时要使用适用于前端领域的框架，而在开发后端应用时则要使用适用于后端领域的框架，它们各自可能都需要用大量篇幅来介绍。

　　于是，作为《JavaScript 全栈开发》关于前端部分的补充，我尝试着撰写了这本以 Vue.js 框架为工具介绍前端应用开发的书。

本书简介

　　本书将致力于探讨在前端领域中如何以 Vue.js 框架为中心，并搭配 uni-app 这种对 Vue.js 进行二次封装的移动端框架来开发同一应用程序的不同形式的前端。本书将从 Vue.js 框架的基本使用方法开始，循序渐进、层层深入地介绍这一渐进式框架在由传统 PC 端 Web 浏览器、iOS/Android 以及微信/支付宝等小程序平台所构成的各类型前端环境中开发应用时所需要掌握的开发思路、设计理念。在这个过程中，我将会在书中提供大量可读性高、可被验证的代码示例，以帮助读者理解书中所介绍的技术概念、编程思想与框架设计理念。

　　除了前导部分（第 1 章），本书主要有 3 部分。第一部分（第 2～6 章）将介绍 Vue.js 框架核心部分的基本使用方法，包括 Vue.js 框架本身的设计理念、加载方法、基础语法、核心组件以及项目组织方式等。第二部分（第 7～9 章）将介绍基于 PC 端浏览器构建一个功能较为简单的短书评应用程序。这部分将具体介绍如何利用 Vue.js 框架，以 RESTful API 为后端服务创建面向 PC 端浏览器的现代互联网应用程序。第三部分（第 10～12 章）将介绍基于移动端设备构建一个功能较为简单的短书评应用程序。这部分将具体介绍如何利用对 Vue.js 框架进行了二次封装的 uni-app 框架，并以 RESTful API 为后端服务创建面向移动端的现代互联网应用程序。下面是本书各章的内容简介。

● **第 1 章　准备工作**。本章将会带领读者为本书将要展开的议题讨论和项目实践做一系列准备工作。其中包括构建这些项目所需要了解的预备知识体系、所要使用的编程环境以及使用调试工具所要遵循的基本思路和方法等。

● **第 2 章　创建前端应用**。本章将会对 Vue.js 框架做简单的介绍，并向读者详细解释本书为什么要选择围绕 Vue.js 框架来介绍项目的开发实践。此外，本章还将从构建项目目录开始，为读者具体演示如何使用 NPM 初始化一个 Vue.js 项目并对其进行配置。

● **第 3 章　设计用户界面**。本章将通过两个简单的示例项目为读者详细介绍 Vue.js 框架的模板指令，并示范如何使用这些指令来设计用户界面。在掌握了这些知识之后，读者应该就可以完成一些基本的用户界面设计工作。

● **第 4 章　实现 Vue 对象**。本章将详细介绍 Vue 对象的定义方式。Vue.js 框架的独到之处就是引入了虚拟 DOM 技术，以便实现 Vue 对象，并在 JavaScript 对象与 HTML 页面之间建立起一套响应式系统。这套响应式系统负责监控 Vue 对象中发生的数据变化，并即时将变化后的数据更新到 HTML 页面所定义的用户界面上。

● **第 5 章　使用 Vue 组件**。本章将重点介绍 Vue.js 框架中的组件机制。首先介绍自定义组件的基本步骤，为读者示范如何使用 webpack 打包工具及其相关插件引入定义组件专用的文件格式，这种文件格式将有助于提高开发者基于 Vue.js 框架来构建项目时的编程效率。接着通过一系列的实验示范在自定义组件中会使用到的一系列模板指令及其相关的机制，以帮助读者掌握设计组件所需要的基本技能。最后，基于"不要重复发明轮子"的原则，为读者示范使用 Vue.js 框架的内置组件或引用外部组件库来设计用户界面的方法。

● **第 6 章　使用自动化工具**。本章首先会为读者介绍使用自动化工具来构建项目的必要性，并以 webpack 为例介绍如何使用打包工具对项目中的各类型文件进行转译和压缩处理，并构建出可发布的应用程序。在这个过程中，本章将带读者了解 webpack 的基本配置选项，以及各类型预处理器和插件的安装和使用方法。最后还将分别演示用 Vue CLI 脚手架工具构建 Vue.js 2.x 项目，以及用 Vite 前端构建工具构建 Vue.js 3.x 项目的基本步骤。

● **第 7 章　构建服务端 RESTful API**。本章将着重为读者介绍 RESTful 架构，该架构是一套当前市面上比较适合为 Vue.js 前端用户界面提供后端服务的解决方案。RESTful 架构的主要优势在于它本质上只是一套建立在现有网络协议和通用数据格式之上的设计规范，这意味着，开发者在采用该架构构建后端服务时只需要基于普通的 HTTP

服务，并遵守这套设计规范即可，无须做太多额外的服务器维护工作。除了对 RESTful
架构进行概念性介绍，本章还以构建一个短书评应用的后端服务为例，具体介绍 RESTful
API 的设计方法，以及设计过程中需要注意的事项。

- 第 8 章　PC 端浏览器应用开发（上篇）。本章将开始着重介绍短书评应用在传
统 PC 端 Web 浏览器上的实现。首先会介绍如何使用 Node.js 平台来搭建针对 Vue.js 项
目的 Web 服务。然后，陆续介绍如何利用 vue-router 组件实现前端应用的多页面路由，
如何借助 axios 这样的第三方网络请求库来调用 RESTful API，如何使用 Vuex 组件实现
前端应用的状态管理。

- 第 9 章　PC 端浏览器应用开发（下篇）。本章将接着第 8 章的内容介绍短书评
应用在传统 PC 端 Web 浏览器上的基本实现，进一步演示如何在基于 Vue.js 框架的前端
应用中利用 vue-router 组件实现多视图界面切换，以及如何更进一步利用 axios 请求库调
用后端的 RESTful API，从而实现前、后端的数据交互。值得一提的是，由于在这些交
互过程中也涉及图片、日期等特殊类型的数据对象，所以本章也将演示这些数据对象的
序列化与解析的具体方式。

- 第 10 章　移动端开发概述。本章将首先介绍移动端应用开发相对于传统 PC 端
Web 浏览器上的应用开发所要特别面对的屏幕适配问题和触控响应问题。然后将分别介
绍基于 HTML5+CSS3 技术解决移动端屏幕自动适配问题的响应式设计思路，以及基于
HTML5+ES6 技术响应触控事件的基本方法，目的是帮助读者了解 Vue.js 这一类前端框
架在底层实现上是如何解决移动端开发所要面对的特殊问题的，以便在后续使用这些框
架的过程中"知其然且知其所以然"。接着，本章将会为读者解释为何在众多面向移动
端开发的前端解决方案中选择了 uni-app 这个框架来作为本书演示移动端应用实现的工
具。并且，本章还将借助一个由 Vue CLI 脚手架工具自动生成的示例项目为读者初步介
绍一个普通 uni-app 项目的基本结构及其主要的配置方法。

- 第 11 章　uni-app 项目实践（上篇）。本章将继续以本书第二部分中构建的短书
评应用为例，着重为读者演示如何基于 uni-app 框架来实现移动端的单页面应用。首先
会演示如何对一个新建的 uni-app 项目进行应用程序的全局配置。然后会陆续介绍由
uni-app 框架提供的常用用户界面组件，并演示如何利用这些组件来设计短书评应用的登
录界面。最后还将介绍如何利用 uni-app 框架的原生接口来调用后端的 RESTful API，并
对前端应用的本地缓存进行数据管理。

- 第 12 章　uni-app 项目实践（下篇）。本章将接着第 11 章的内容继续为读者介
绍基于 uni-app 框架创建移动端应用所需要掌握的基础知识。首先将介绍如何使用导航
组件标签与页面跳转接口实现应用程序内的多页面跳转，以及如何在执行跳转操作的过
程中传递数据。然后将对 uni-app 框架中为应用实例、页面对象以及组件对象定义的常
用生命周期函数做详细的介绍，并简单地演示如何使用这些函数接收来自其他页面的参
数，并根据这些参数实现当前页面的数据初始化任务。最后将以 HTML5 和微信小程序

为例，简单演示如何将 uni-app 项目打包，发布成面向各种具体运行平台的应用程序，真正发挥出 uni-app 框架"**一套代码，多平台发布**"的设计优势。

读者须知

由于这是一本专注于介绍如何使用 Vue.js 框架及其扩展框架开发前端应用的书，而 Vue.js 是一个基于 HTML+CSS+JavaScript 技术构建的前端开发框架，因此希望读者在阅读本书之前，已经掌握 HTML+CSS+JavaScript 技术、HTTP、Web 浏览器中的 DOM 和 BOM 等相关的基础知识。如有需要，建议读者先阅读本书的前作——《JavaScript 全栈开发》，或者其他介绍上述基础知识的书。

除此之外，我在这里还需要特别强调一件事：本书中所有关于短书评应用的实现代码都是基于本书各章节中的代码占比及其阅读体验等众多写作因素进行了平衡考虑之后产生的最简化版本，其中省略了绝大部分与错误处理及其他辅助功能相关的代码。因此，如果想了解实际项目中某些具体问题的解决方案，还需请读者查阅本书附带源码包中的项目。当然，在我个人看来，如果想要学好并熟练掌握一个开发框架，最好的办法就是尽可能地在实践中使用它，在实际项目需求的驱动下模仿、试错并总结使用经验。所以本书并不鼓励读者直接复制/粘贴本书附带源码包中的演示代码，更期待读者"自己动手"去模仿书中提供的示例，亲手将自己想要执行的代码输入计算机，观察它们是如何工作的。然后，试着修改它们，并验证其结果是否符合预期。如果符合预期，就总结当下的经验；如果不符合预期，就去思考应该做哪些调整来令其符合预期。如此周而复始，才能让学习效果事半功倍。

致谢与勘误

本书能够完成，离不开很多人的鼓励和帮助，我在这里需要感谢很多人。如果没有我的好朋友、卷积文化传媒公司的创始人高博先生的提议，我极有可能下不了创作本书的决心。如果没有人民邮电出版社信息技术出版分社的陈冀康社长和郭媛编辑的鼓励和鞭策，我也非常有可能完成不了本书的创作。另外，我还需要感谢我的好友朱磊、范德成、张智宇和陆禹淳，他们都分别对本书的初稿进行了认真的审阅，提供了不少宝贵的建议。最后感谢人民邮电出版社愿意出版这本题材和内容也许没有那么大众化的书，希望本书不会辜负他们的信任。还有，在这里我也需要特别感谢我的家人，感谢你们对我无微不至的照顾和温暖的爱，这些都是我在这个世界上奋斗的动力。

当然，无论如何，本书中都会存在一些不够周全、表达不清的问题。如果读者有任何意见，我都希望你们致信 lingjiexyz@hotmail.com，或者在异步社区本书的勘误页面中提出，以帮助我们在本书的后续修订中进一步完善它。

凌 杰

2021 年 10 月

资源与支持

本书由异步社区出品，社区（https://www.epubit.com/）可为您提供相关资源和后续服务。

配套资源

本书提供如下资源：

● 本书源码；
● 本书彩图文件。

要获得以上配套资源，请在异步社区本书页面中单击 配套资源 ，跳转到下载页面，按提示进行操作即可。

提交勘误信息

作者和编辑虽然已尽最大努力来确保书中内容的准确性，但难免会存在疏漏。欢迎您将发现的问题反馈给我们，帮助我们提升图书的质量。

当您发现错误时，请登录异步社区，按书名搜索，进入本书页面（见下图），单击"提交勘误"，输入错误信息后，单击"提交"按钮即可。本书的作者和编辑会对您提交的错误信息进行审核，确认并接受后，您将获赠异步社区的 100 积分。积分可用于在异步社区兑换优惠券、样书或奖品。

扫码关注本书

扫描下方二维码，您将会在异步社区微信服务号中看到本书信息及相关的服务提示。

与我们联系

我们的联系邮箱是 contact@epubit.com.cn。

如果您对本书有任何疑问或建议，请您发邮件给我们，并请在邮件标题中注明书名，以便我们更高效地做出反馈。

如果您有兴趣出版图书、录制教学视频，或者参与图书翻译、技术审校等工作，可以发邮件给我们；有意出版图书的作者也可以到异步社区在线提交投稿（直接访问 www.epubit.com/selfpublish/submission 即可）。

如果您所在的学校、培训机构或企业，想批量购买本书或异步社区出版的其他图书，也可以发邮件给我们。

如果您在网上发现有针对异步社区出品图书的各种形式的盗版行为，包括对图书全部或部分内容的非授权传播，请您将怀疑有侵权行为的链接发邮件给我们。您的这一举动是对作者权益的保护，也是我们持续为您提供有价值的内容的动力之源。

关于异步社区和异步图书

"异步社区"是人民邮电出版社旗下 IT 专业图书社区，致力于出版精品 IT 图书和相关学习产品，为作译者提供优质出版服务。异步社区创办于 2015 年 8 月，可提供大量精品 IT 图书和电子书，以及高品质技术文章和视频课程。更多详情请访问异步社区官网 https://www.epubit.com。

"异步图书"是由异步社区编辑团队策划出版的精品 IT 专业图书的品牌，依托于人民邮电出版社近 40 年的计算机图书出版积累和专业编辑团队，相关图书在封面上印有异步图书的 Logo。异步图书的出版领域包括软件开发、大数据、人工智能、测试、前端、网络技术等。

异步社区

微信服务号

目录

第一部分 Vue.js 快速入门

第三部分　移动端项目实践

第 1 章　准备工作

正如前言中所说的，本书将致力于探讨如何在实际项目中以 Vue.js 框架为中心，搭配 uni-app 这种对 Vue.js 进行二次封装的移动设备端（以下简称"移动端"）框架来开发同一应用程序的不同形式的前端。但在开始介绍这一切之前，我们会带领读者完成一些准备工作，以便配备好完善的开发工具，以最好的状态进入后续的知识学习和项目实践。总而言之，在学习完本章之后，希望读者能够：

- 了解本书所要涉及的技术，以及这些技术被采用的原因；
- 构建好本书涉及的编程环境，并完成相关工具的配置；
- 掌握如何使用相关的开发工具进行项目的调试与排错工作。

1.1　背景知识准备

既然我们已经打算要以 Vue.js 框架为核心来展开一趟"前端项目开发之旅"，那么首先对该框架所依赖的基础技术应该要有基本的了解，否则就会在一种"不甚了了"的状态下使用该框架来开发应用程序。虽然这种状态通常并不会影响初学者快速上手并开发一些简单的前端项目，但随着项目越做越多，项目中要解决的问题也越来越复杂，终有一天它会成为我们继续进步的瓶颈，到那时候再回过头来补足这些知识并不见得会比初学阶段更容易。所以接下来，我们不妨先花点时间和耐心来简单地了解一下这些基础技术吧[1]。

1.1.1　客户–服务器体系结构

从编程方法上来说，无论我们将来基于 Vue.js 框架构建的是 Android/iOS 应用程序，

---

[1] 如果读者已经对这些技术有所了解，可自行跳过本章内容。

还是微信/支付宝小程序，抑或是"纯 Web 应用程序"，它们在理论上都应被归类为基于客户-服务器（Client-Server，C-S）体系结构的应用程序[1]。在这种体系结构的支持之下，应用程序在部署方式上有了一个全新的选择。开发者可以将应用程序中需要保障数据安全或者进行高速运算的那一部分部署在服务器上，以便享用服务器的高性能配置以及能就近维护的便利。然后根据客户使用的设备或 Web 浏览器来开发相应的客户端软件，并让它来执行应用程序中需要与用户交互的那一部分任务。这样做既可降低应用程序部署与维护的成本，也可在很大程度上减少应用程序对用户侧的软硬件依赖，同时明确项目开发中的任务分工。

所以对于开发者来说，首先要做的就是分清楚应用程序的客户部分与服务器部分在 C-S 体系结构下各自所承担的任务分工。虽然在手机、手表等移动设备上都能搭载多核处理器的今天，各类型计算设备的性能事实上已经日渐趋同，客户与服务器之间的界线有时候也并非绝对的，但从项目开发与维护的角度来说，做某种程度上的分工安排还是非常有必要的。根据我个人的经验，C-S 体系结构之下的任务分工通常是以下这样的。

- 客户部分在 C-S 体系结构下所承担的工作主要是与用户进行交互，其角色类似于银行的柜台接待员，所以在术语上往往被称为应用程序的"客户端"或"前端"。在通常情况下，应用程序的前端负责渲染应用程序的用户操作界面、处理用户的操作、向服务器发送请求数据并接收来自服务器的响应数据、维持应用程序的运行状态，以求提供良好的用户体验。这部分的开发与维护在很大程度上依赖于用户所在的软硬件环境。

- 服务器部分在 C-S 体系结构下所承担的工作主要是数据的处理和维护，其角色类似于银行金库的管理人员，所以在术语上往往被称为应用程序的"服务端"或"后端"。在通常情况下，应用程序的后端将为用户提供只有大型计算机才具备的运算能力以及安全可靠的数据库服务，它负责存储并处理来自应用程序客户端的请求数据，然后把响应数据返回给客户端，一般用于处理较为复杂的业务逻辑，例如执行与天体物理相关的运算任务、存储海量数据等。这部分的开发和维护通常可以不依赖于用户所在的软硬件环境。

当然，大部分事情都是利弊共存的，C-S 体系结构作为一种构建应用程序的解决方案，在享有上述分工优势的同时也是存在着一些劣势的。首先，由于该体系结构在服务端与客户端之间构建的通常是一对多的关系，因此服务端在许多情况下都需要同时处理来自成千上万个客户端的请求，这对服务端设备的负载能力提出了较高的要求，因此维持服务端的稳定性将会成为项目维护阶段的一大难题。其次，采用这种体

---

1 纯 Web 应用程序所属的浏览器-服务器（Browser-Server，B-S）体系结构在理论上也是 C-S 体系结构的一个子集。

系结构的应用程序在运行时也会严重依赖于用户所在的网络环境，一旦网络中的某个节点出了问题，例如发生了防火墙屏蔽或域名劫持等情况，整个应用程序可能会立即陷入无法运行的尴尬境地。所以，开发者在使用该体系结构来构建应用程序时必须要做好应对这些劣势的预先安排，例如制定服务器的负载策略、设置备用服务器或备用域名等。

1.1.2　HTML、CSS 与 JavaScript

　　HTML、CSS 与 JavaScript 这 3 项技术是使用 Vue.js 框架进行应用程序开发的基础所在，所以它们的基本使用方法也是学习本书的读者必须要事先掌握的预备知识。虽然如前言中所说的，本书将假设读者已经具备了这些知识，但对于 HTML、CSS 与 JavaScript 各自在 Vue.js 项目中所扮演的角色，以及项目所遵循的技术标准、采用的版本，我们在这里依然需要做一些简单的介绍与解释。

1.1.2.1　HTML：定义用户界面的结构

　　HTML 是 HyperText Markup Language 的英文缩写，在中文里通常被译为"超文本标记语言"，它本质上是一门定义文档结构的标记语言。这门语言的主要作用是将应用程序的用户界面描述成树状的数据结构，以便于 Web 浏览器或其他客户端框架将其解析成可被 JavaScript、VBScript 等编程语言直接操作的文档对象模型（Document Object Model，DOM）。例如以下这段 HTML 代码。

```
<!DOCTYPE html>
<html lang="zh-cn">
    <head>
        <meta charset="UTF-8">
        <title>浏览器端 JS 代码测试</title>
    </head>
    <body>
        <h1>浏览器端的 JavaScript</h1>
        <div id="content"></div>
    </body>
</html>
```

　　Web 浏览器或其他客户端框架就会根据它的描述在内存中将其解析成类似图 1-1 所示的树状数据结构。

　　接下来，开发者就只需要直接在 JavaScript 或 VBScript 代码中对该数据结构进行编程即可。另外需要说明的是，我们在本书的所有项目中都将遵循 HTML5 标准来编写代码，该标准进一步赋予了 HTML 强大的富媒体、富应用以及富内容的能力。

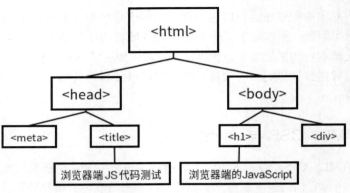

图 1-1　HTML 所描述的树状数据结构

1.1.2.2　CSS：定义用户界面的外观

　　CSS 是 Cascading Style Sheets 的英文缩写，在中文里通常被译为"串联样式表"，它本质上是一门定义 HTML 或 XML 文档在 Web 浏览器中所呈现外观的计算机语言。随着 HTML 可用于定义一般应用程序的用户界面，CSS 的应用领域也得到了相应的扩展。我们可以使用这门语言对用户界面中的图片、文本、按钮等元素进行像素级别的精确控制。例如，如果我们想赋予之前的 HTML 代码一些外观样式，可以在其中添加一个<style>标签，并在标签中添加如下代码。

```
body {
    color: floralwhite;
    background: black;
}
#content {
    width: 400px;
    height: 300px;
    border-radius: 14px;
    padding: 14px;
    color: black;
    background: floralwhite;
}
```

　　接下来，如果我们在 Web 浏览器中打开保存了这段 CSS 代码的 HTML 文档，就会看到如图 1-2 所示的外观效果。

　　当然，相信有 CSS 使用经验的读者一定知道，将上述 CSS 代码保存为一个单独的.css 文件，然后在 HTML 代码中使用<link>标签来引入它是一个更有利于项目维护的实践方案。本书既然假设读者已经拥有了 HTML 与 CSS 的基本使用经验，在这里就不"纠结"于这些细节了。除此之外,同样需要说明的是,本书中所有项目都将遵循 CSS3 这一最新标准来定义用户界面的外观,该标准新增了圆角效果、渐变效果、图形化边界、文字阴影、透明度设置、多背景图设置、可定制字体、媒体查询、多列布局以及弹性盒模型布局等诸多更为丰富的样式特性,有助于我们构建具有更良好用户体验的应用程序界面。

图 1-2　CSS 所定义的外观效果

1.1.2.3　JavaScript:定义用户界面的功能

JavaScript 是一门专用于操作 HTML 文档对象的编程语言,它在我们项目中的主要职责就是利用其独有的单线程异步操作模型来响应用户的操作,然后将请求数据发送给服务端,并接收和解析来自服务端的响应数据。总而言之,应用程序界面中的功能性部分基本上是通过 JavaScript 来实现的。例如,如果我们想在之前的 HTML 文档中新增一个按钮元素,并且在用户单击该按钮之后,将带有"Hello JavaScript"字样的信息显示在 id 属性值为 content 的<div>元素中,就可以通过以下代码实现。

```
<!DOCTYPE html>
<html lang="zh-cn">
    <head>
        <meta charset="UTF-8">
        <title>浏览器端 JS 代码测试</title>
        <style>
            body {
                color: floralwhite;
                background: black;
            }
```

```
        #content {
            width: 400px;
            height: 300px;
            border-radius: 14px;
            padding: 14px;
            color: black;
            background: floralwhite;
        }
    </style>
    <script>
        function sayHello() {
            const div = document.querySelector('#content');
            div.textContent = 'Hello JavaScript';
        }
    </script>
</head>
<body>
    <h1>浏览器端的 JavaScript</h1>
    <div id="content"></div>
    <input type="button" value="打个招呼！" onclick="sayHello()">
</body>
</html>
```

　　然后，如果我们在 Web 浏览器中打开保存了这段 HTML 代码的文档，并单击带有"打个招呼！"字样的按钮，就会看到如图 1-3 所示的效果。

图 1-3　用 JavaScript 代码定义的功能效果

同样地,相信有 JavaScript 使用经验的读者也一定知道,将上述文件中的 JavaScript 代码保存为一个单独的.js 文件,然后在 HTML 代码中使用<script>标签的 src 属性来引入它是一个更有利于项目维护的实践方案。我们在这里也同样不"纠结"于这些细节。另外,对于本书项目要遵循的标准,我们将以目前主流的 ECMAScript6 标准(简称 ES6)为主。该标准为 JavaScript 新增了许多过去需要引入 jQuery 这样的第三方库才能使用的工具,有助于我们构建功能更为强大的应用程序前端。

细心的读者看到这里可能会有一个疑问:为什么到目前为止的演示都是基于 Web 浏览器来展开的?这是自然的,毕竟我们将要使用的 Vue.js 框架原本也只是一个单纯的 Web 前端框架,只是由于 uni-app、Electron 这一类跨平台框架的出现,将其作用范围扩展到了移动设备以及 PC 上的一般客户端软件,而这正是我们要在本书中讨论,并将其介绍给读者的项目实践方案。

1.1.3 RESTful 架构

Vue.js 框架原本只是一个单纯的 Web 前端框架,它通常是基于 HTTP 来向应用程序的后端发送请求的,所以与之对应的服务端软件自然就应该是 HTTP 服务。但是,与大家在若干年前用 ASP/PHP 这类服务端动态页面技术构建的 HTTP 服务不同的是,如今我们将之前所谓的"动态页面"的构建移到了前端,后端通常已经不再直接参与 HTML 页面的构建,它现在所要做的就是根据前端发来的 HTTP 请求进行数据的增、删、改、查,并按照特定的格式返回其所需要的数据。遵照这样的编程思路,我们将推荐使用一种被称为**RESTful 架构**的解决方案。该架构具有结构清晰、方便扩展、易于理解、易于标准化等显著的优势,是目前非常流行的一种互联网软件架构。

下面,让我们简单介绍这种架构:REST 是 Representational State Transfer(描述性状态迁移)的英文缩写,也有人将其翻译为"表现层状态转化"。其主要设计思想是应用程序的前端使用 HTTP 的 GET、POST、PUT、DELETE 请求方法来传递不同的请求状态,并要求其后端根据其请求状态和用 URL 形式指定的数据资源进行相应的处理,同时返回相应的响应状态和数据资源。具体来说,就是应用程序的前端会通过以下 4 种 HTTP 请求方法来表达自己的请求意图。

- **GET**:该请求方法主要用于向服务端请求获取由指定 URL 所标识的数据。
- **POST**:该请求方法主要用于向服务端请求创建新的数据,有时也用于修改数据。
- **PUT**:该请求方法主要用于向服务端请求修改数据。
- **DELETE**:该请求方法主要用于向服务端请求删除由指定 URL 所标识的数据。

而使用 RESTful 架构来构建的应用程序后端则应该具有以下特征。

- 它会根据前端使用的 HTTP 请求方法来判断用户要执行的操作意图。

- 它会根据前端发来的 URL 来定位用户要处理的数据。
- 它会以 HTTP 响应码的形式告知用户操作的结果，并在需要时返回用户所需的数据。

本书中的示例项目在服务端也将全部采用 RESTful 架构，所以关于如何具体构建基于该架构的应用程序，我们将会在本书的第二、第三部分中详细介绍，在这里读者只需要对这一架构的设计思路有所了解即可。需要特别说明的是，RESTful 架构本身只是一种构建应用程序的解决方案，它与我们具体使用的编程语言是无关的，即使用 PHP 这类传统的服务端编程语言也是可以构建符合 RESTful 架构的应用程序后端的，只不过需要改变一下设计思路。记住现在后端要响应给前端的内容通常已经不再是由服务端代码在运行时动态构建的 HTML 页面，而是 JSON、XML 等格式的数据资源。

1.2　搭建编程环境

为了避免要求读者再多学习一门编程语言，我们打算在本书的项目中也使用基于 JavaScript 语言的框架来构建应用程序的后端。接下来，本着"工欲善其事，必先利其器"的思想，在进入具体的项目任务之前，我们需要先将项目的编程与调试环境搭建起来。正如我们之前所说，无论是 JavaScript 的前端框架还是后端框架，它们最初都只能用于构建纯粹的 Web 应用程序，我们在编程时优先要选择的是 JavaScript 的基本执行环境。众所周知，JavaScript 的基本执行环境主要分为前端的 Web 浏览器环境和后端的 Node.js 运行环境两种。下面，我们就分别介绍如何构建这两种环境。

1.2.1　Web 浏览器环境

让我们先从最简单的 Web 浏览器环境开始。目前，很多开发人员会将 Google Chrome 或 Mozilla Firefox 浏览器设为自己所在操作系统的默认 Web 浏览器，它们本身都自带了功能非常齐全的 JavaScript 执行/调试环境。例如对于 Google Chrome 浏览器，我们只需到它的官方网站上去下载它，然后安装它，再在其主菜单中依次单击「更多工具」→「开发者工具」，就可以看到如图 1-4 所示的 JavaScript 执行/调试环境。

而 Mozilla Firefox 浏览器则是另一款历史更为悠久的、可扩展的 Web 浏览器，它在 Windows、Linux 以及 macOS 这些主流操作系统上都有相应的版本，读者可根据自己的操作系统到 Mozilla Firefox 的官方网站上去下载它。安装完成之后，我们在任何网页中按「F12」键或在菜单栏中依次单击「工具」→「Web 开发者」→「查看器」，就可以看到如图 1-5 所示的 JavaScript 执行/调试环境。

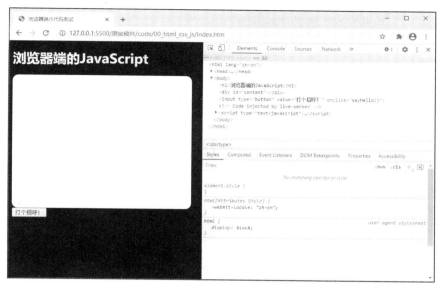

图 1-4 Google Chrome 浏览器的 JavaScript 执行/调试环境

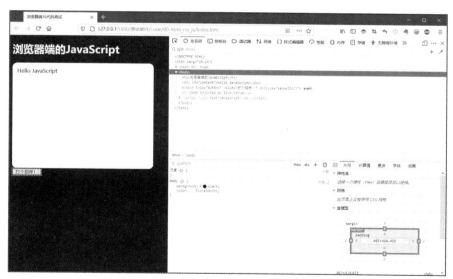

图 1-5 Mozilla Firefox 浏览器的 JavaScript 执行/调试环境

当然，如果读者打算在 Windows 10 或 macOS 中使用它们自带的 Web 浏览器来充当 JavaScript 的执行/调试环境，也是可以找到类似的工具的。例如，微软公司用于取代 IE 的 Microsoft Edge 浏览器，是基于 Chromium 开源项目来开发的，其使用方式与 Google Chrome 浏览器大同小异，只需要在它的主菜单中依次单击「更多工具」→「开发人员工具」，就可以看到如图 1-6 所示的 JavaScript 执行/调试环境。

图 1-6　Microsoft Edge 浏览器的 JavaScript 执行/调试环境

关于如何在浏览器中使用 JavaScript 执行/调试环境，我们将会在 1.3 节中做具体演示，在这里，读者知道如何搭建并启动自己将来需要使用的执行/调试环境即可。另外需要说明的是，本书中的某些项目除了要在浏览器中执行和调试，还需要在各种小程序平台和手机模拟器上进行相似的前端调试工作。

1.2.2　Node.js 运行环境

接下来，让我们学习如何构建 Node.js 运行环境吧！它主要有两种安装方式：通常在 Windows 和 macOS 下，我们会下载.msi 和.dmg 格式的二进制安装包，然后使用安装包的图形化安装向导来进行安装；而在 Linux 和 UNIX 这一类操作系统中，我们则往往会使用 APT 和 YUM 这样的包管理器来安装。这两种方式都不复杂，下面我们分别以 Windows 和 Ubuntu 为例，简单介绍一下这两种安装方式。

1.2.2.1　使用二进制安装包

在 Windows 下想要安装 Node.js，首先要选择一个合适的版本。在打开 Node.js 的官方网站之后，我们会看到有 LTS 和 Current 两种版本可供下载（见图 1-7）。其中，LTS 是受到长期支持的版本，其组件通常经历过充分的测试，相对比较可靠、稳定，适合用于正式的项目开发。而 Current 则是最新的版本，通常包含最新纳入的特性，比较适合想对 Node.js 本身的特性进行学习和研究的读者。

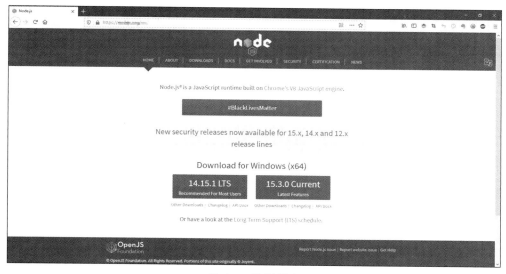

图 1-7　选择版本

下载完.msi 格式的安装包之后，我们就可以打开安装包启动它的图形化安装向导。在安装的开始阶段，安装向导会要求我们设置一些选项，大多数时候只需采用默认设置，直接单击「Next」按钮即可。只是在组件选择的页面（见图 1-8）中，需要注意，如果你对 Node.js 的组件并不熟悉，最好选择安装全部组件。另外，请记得单击图 1-8 中那个「Add to PATH」选项前面的+，这样安装程序就会自动把 Node.js 和 NPM 这两个模块的命令路径添加到系统的环境变量里，这对初学者来说是非常方便的。

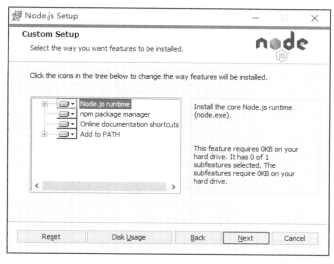

图 1-8　选择安装组件

待一切选项设置完成之后，我们单击下面的「Install」按钮即可完成安装。如果一切顺利，当我们在 Windows 中打开命令行终端环境，并在其中输入 node -v 命令，按「Enter」键之后，应该就会看到相关的版本信息，如图 1-9 所示。

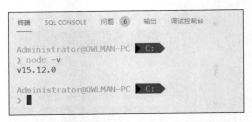

图 1-9　在 Windows 命令行终端中检查版本

1.2.2.2　使用包管理器

在 Ubuntu 这类 Linux/UNIX 操作系统中，我们安装软件时往往都会选择使用 APT 这一类的包管理器。这种安装软件的方式通常简单而方便，只需在 Bash Shell 这类命令行终端中依次执行以下命令即可。

```
sudo apt update
sudo apt install nodejs
# 最新的 Node.js 已经集成了 NPM，所以在正常情况下是无须单独安装 NPM 的
sudo apt install npm
```

除此之外，我们还能安装 n 管理器来管理 Node.js 的版本，其安装命令如下。

```
sudo npm install -g n
```

该工具的具体使用方式如下。

```
sudo n lts          # 长期支持
sudo n stable       # 稳定版
sudo n latest       # 最新版
sudo n 12.4.0       # 直接指定版本
sudo n              # 使用「↑」、「↓」方向键切换已有版本
```

同样地，如果一切顺利，当我们继续在命令行终端中输入 node -v 命令并按「Enter」键之后，应该就会看到如图 1-10 所示的版本信息。

由于我在本书中用来测试项目的 Linux 服务器上安装的是一个 32 位的系统环境，而 32 位的 Node.js 如今已经不被更新，所以这里看到的是一个早期的 LTS 版本。在这里，我使用这个测试环境还有一个目的，那就是想证明这类版本上的差异并不会影响本书中所有代码的执行效果。也就是说，即使读者使用的是相对老旧的 32 位操作系统来学习本书的内容，也完全不必担心这方面的问题。在 Node.js 运行环境中进行 JavaScript 代码

的执行和调试，我们还需要借助于具体的项目开发工具，下面接着介绍如何配置项目开发所需要的工具。

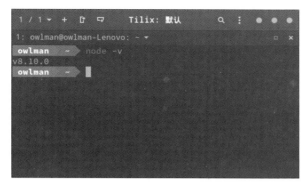

图 1-10　在 Bash Shell 中检查版本

1.2.3　项目开发工具

从纯理论的角度来说，要想编写一个 JavaScript 应用程序，通常只需要使用 Windows 操作系统中的"记事本"这一类纯文本编辑器就够了。但在具体的项目实践中，为了在工作过程中获得代码的语法高亮与智能补全等功能以提高编码体验，并能方便地使用各种功能强大的程序调试工具和版本控制工具，我们通常还是会选择使用一款专用的代码编辑器或集成开发环境来完成项目开发。在本书中，我个人推荐读者使用 Visual Studio Code 编辑器（以下简称 VSCode 编辑器）来构建所有的项目。下面，就让我们来简单了解这款编辑器的安装方法，以及如何将其打造成一个可用于开发 Vue.js 项目的开发环境吧！

1.2.3.1　基于 VSCode 编辑器的开发环境

VSCode 是一款微软公司于 2015 年推出的现代化代码编辑器，由于它本身就是一个基于 Electron 框架的开源项目，所以它在 Windows、macOS、Linux 上均可使用（这也是我选择它作为主编辑器的原因之一）。VSCode 编辑器的安装非常简单，在浏览器中打开它的官方下载页面之后，就会看到如图 1-11 所示的内容。

然后，大家需要根据自己的操作系统来下载相应的安装包。待下载完成之后，我们就可以打开安装包来启动它的图形化安装向导。在安装的开始阶段，安装向导会要求用户设置一些选项，例如选择程序的安装目录、是否添加相应的环境变量（如果读者想从命令行终端中启动 VSCode 编辑器，就需要激活这个选项）等，一般情况下采用默认设置，直接一直单击「Next」按钮等就可以完成安装。接下来的任务就是要将其打造成可用于开发 Vue.js 项目的工具。

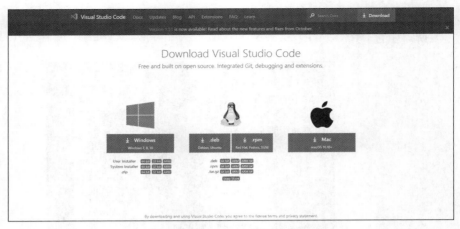

图 1-11   VSCode 的下载页面

　　VSCode 编辑器的强大之处在于它有一个非常完善的插件生态系统，我们可以通过安装插件的方式将其打造成面向不同编程语言与开发框架的集成开发环境。在 VSCode 编辑器中安装插件的方式非常简单，只需要打开该编辑器的主界面，然后在其左侧纵向排列的图标按钮中找到「扩展」按钮并单击它，或直接按快捷键「Ctrl+Shift+X」，就会看到如图 1-12 所示的插件安装界面。

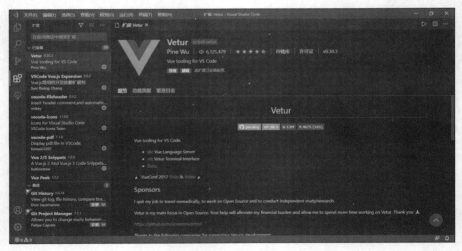

图 1-12   VSCode 编辑器的插件安装界面

根据开发 Vue.js 项目的需要，我在这里推荐读者安装以下插件(但并不局限于这些插件)。

● **Chinese (Simplified) Language Pack for Visual Studio Code**：简体中文语言包，用于将 VSCode 编辑器的用户界面语言变成中文。

- **vscode-icons**：该插件用于为不同类型的文件加上不同的图标，以方便文件管理。
- **HTML Snippets**：该插件用于在编写 HTML 代码时执行一些常见代码片段的自动生成功能。
- **HTML CSS Support**：该插件用于在编写样式表时执行自动补全功能。
- **JavaScript Snippet Pack**：该插件用于在编写 JavaScript 代码时执行自动补全功能。
- **JavaScript (ES6) Code Snippets**：该插件用于在编写符合 ES6 标准的代码时执行自动补全功能。
- **ESLint**：该插件用于检测 JavaScript 代码的语法问题与格式问题。
- **Vetur**：该插件可实现针对 .vue 文件中的代码进行语法错误检查、代码高亮与代码自动补全（配合 ESLint 插件使用效果更佳）。
- **npm**：该插件可用 `package.json` 来校验安装的 NPM 包，确保安装包的版本正确。
- **Node.js Modules Intellisense**：该插件可用于在 JavaScript 和 TypeScript 导入声明时执行自动补全功能。
- **Node.js Exec**：该插件可用 Node.js 命令执行当前文件或被我们选中的代码。
- **Node Debug**：该插件可实现直接在 VSCode 编辑器中调试后端的 JavaScript 代码。
- **Path Intellisense**：该插件用于在编写文件路径时执行自动补全功能。
- **GitLens**：该插件用于查看 Git 的提交记录。
- **View In Browser**：该插件用于在浏览器中查看静态的 HTML 文档。
- **Live Server**：该插件可在本地自动构建一个简单的 HTTP 服务器，是前端开发的一大"利器"。
- **Debugger for Chrome**：该插件可实现直接在 VSCode 编辑器中调试前端的 JavaScript 代码，而不必借助浏览器的开发工具。

当然，VSCode 编辑器的插件"多如繁星"，读者也可以根据自己的喜好来安装其他功能类似的插件，这些插件满足后面的项目实践需求即可。除此之外，Atom 与 Submit Text 这两款编辑器也与 VSCode 编辑器有着类似的插件生态系统和使用方式，如果读者喜欢，也可以使用它们来打造属于自己的项目开发工具。

1.2.3.2　WebStorm 集成开发环境

如果读者更习惯使用传统的集成开发环境（Integrated Development Environment，IDE），JetBrains 公司旗下的 WebStorm 无疑是一个不错的选择，它在 Windows、macOS、Linux 上均可做到所有的功能"开箱即用"，无须进行多余的配置，已经被广大的 JavaScript 开发者誉为"最智能的 JavaScript 集成开发环境"。WebStorm 的安装方法非常简单，我们在浏览器中打开它的官方下载页面之后，就会看到如图 1-13 所示的内容。

图 1-13　WebStorm 的下载页面

　　同样地，大家在这里需要根据自己的操作系统来下载相应的安装包，待下载完成之后就可以打开安装包来启动它的图形化安装向导了。在安装的开始阶段，安装向导会要求用户设置一些选项，例如选择程序的安装目录、是否添加相应的环境变量和关联的文件类型等，大多数时候只需采用默认设置，直接一直单击「Next」按钮等就可以完成安装。令人遗憾的是，WebStorm 并非一款免费的软件。

　　当然，类似的集成开发环境还有微软公司旗下的 Visual Studio Community，它是一款完全免费的集成开发环境软件。如果读者确定自己只在 Windows 操作系统下进行项目开发，安装 Visual Studio Community 也是一个很好的选择，至少用它来开发本书中涉及的所有项目应该是够用的。

1.2.4　源码管理机制

　　在配置好 JavaScript 代码的执行环境与项目开发工具之后，接下来我们要来完成搭建编程环境的最后一步——构建源码管理机制。在本书中，我们会将所有项目的源码存放在一个名为 code 的目录中（读者可以在计算机中任意自己喜欢的位置创建这一目录，如果你们喜欢也可以赋予该目录别的名字），并使用 Git 版本控制工具来进行源码管理，操作非常简单，具体步骤如下。

1. 先使用 Powershell 或 Bash Shell 这类命令行终端打开 code 目录，并使用 git init 命令将其初始化为一个本地源码仓库。

2. 接下来就可以在 code 目录下创建项目了，例如，我们可以使用 mkdir 00_html_css_js 命令为之前的示例创建一个项目目录。

3. 然后将我们之前编写的 HTML 代码保存为一个名为 index.htm 的文件，并将其存放在 00_html_css_js 项目目录中。

4. 最后我们只需要在 code 目录中执行以下命令即可完成一次版本提交。

```
git add .
git commit -m "00_html_css_js"
```

当然，使用 Git 版本控制工具进行源码管理的操作远不止这些，如果读者对该版本控制工具不熟悉，建议先通过阅读 Git 的官方文档及其他相关教程来初步了解它的安装方法与基本使用技巧。或者也可以选择使用 SVN 等其他版本控制工具来进行项目源码的管理，使用这些工具管理源码的方式与我们在这里演示的步骤在本质上是一样的。

至此，我们完成了为本书搭建编程环境的所有工作的介绍，接下来重点讨论代码的具体调试方法。

1.3 代码调试方法

在讨论具体的调试方法之前，我们首先需要了解"代码调试"究竟是一项怎么样的工作及其背后的基本思路。在计算机领域中，"调试"这个术语在英文中对应的词是"Debug"，从后者想表达的字面信息来看，我们将其翻译成"捉虫子"似乎会更贴切一些。那么计算机领域中的调试工作与"虫子"（bug）究竟有什么关系呢？这就涉及计算机发展史上的一个典故。

计算机历史上的第一个 bug

在 1947 年盛夏的某一天，美国计算机科学家格雷丝·霍珀（Grace Hopper）正在为 Harvard Mark II 计算机编写程序，突然遇到了机器故障。她花费了很多时间来查找故障的来源，最终在拆开机器之后，发现故障来源竟然是一只被夹扁在两个继电器触点中间的飞蛾。原来，当年的 Harvard Mark II 是一台依靠控制继电器的开关来执行二进制指令的计算机，发热量巨大，而当时的实验室还未实现全封闭的空调制冷环境，加上天气炎热，机房不得不处于开窗通风的状态，结果导致室内飞蛾乱舞，其中的一只飞进了计算机内部。在这次事件之后，霍珀女士诙谐地将这只虫子的遗体贴在了自己的工作日志上。自此之后，大家就口耳相传地逐渐将计算机故障统称为 bug，而排除故障的工作也就随之约定俗成地被称为 Debug。

从上述典故中，我们可以了解到旨在排除计算机故障的调试工作往往具有以下特征。

- 故障产生的源头未必与眼下执行的操作（包括编写的代码）直接相关，它也可能来自我们许久之前的操作（甚至是别人的操作）。
- 故障经常产生于某些意想不到的细节问题，我们不能"迷信"于自己过去的经验，或者依靠直觉来猜测故障的起因。
- 所有的计算机故障都是可以得到科学解释的，也许找到这个解释需要花费不少时间，但绝不会出现"灵异事件"。

根据这项工作的以上特征，我个人建议读者在进行代码调试时应该遵循以下基本思路。

- 坚持根据代码的具体运行环境来进行调试，尽量不要脱离实际运行环境来判断故障产生的原因。
- 坚持依据代码在运行过程中产生的实际数据来进行调试，可借助但不要迷信于自己过去的经验。

- 坚持使用严谨细致的科学方法来进行调试，切记不要用某些直觉式的猜测来干扰自己的工作。

在理解了调试工作的本质及其背后的基本思路之后，读者应该大致明白我们在调试代码时要做的事。首先，我们要试验性地让目标代码在各种不同的软硬件环境中运行起来，试验的环境越多越好。然后，如果目标代码在某个环境中"崩溃"了，或者运行结果不符合设计的预期，这时就需要我们采用具体的调试方法介入代码中，跟踪其运行过程并监控其中的数据变化，以便找出导致问题产生的根源所在。最后，根据问题产生的根源设计解决方案。下面，我们介绍几种可用于调试 JavaScript 代码的常用方法。

1.3.1   使用 `console` 对象

当我们只用纯文本编辑器来编写代码时，可选在代码的某些关键位置上使用 JavaScript 的 `console` 对象将要监控的数据输出到控制台，这是最为"简单粗暴"的调试方法。例如在之前的代码中，如果我们想确认 `sayHello()` 函数是否得到了正确的调用，并且其变量 `div` 是否得到了正确的 DOM 节点，就可以在代码中添加一个 `console.log()` 方法的调用，像以下这样。

```
function sayHello() {
    const div = document.querySelector('#content');
    console.log('正在调用 sayHello(), 此刻变量 div 的值是：', div);
    div.textContent = 'Hello JavaScript';
}
```

然后，如果我们在 Web 浏览器中打开添加上述调试代码的 HTML 文档，并单击「打个招呼！」按钮，就会在浏览器右侧打开的 JavaScript 控制台中看到如图 1-14 所示的输出。

图 1-14   用 `console` 对象输出调试信息

当然，这种简单粗暴的方法不仅会打乱原有的代码，增加不必要的维护成本，而且它实际上只能用于少量的关键位置。如果大量使用，也会让控制台的输出信息显得杂乱无章，影响我们调试工作的效率和正确性。所以在通常情况下，我们需要借助专用的调试工具来完成较为复杂的调试任务。下面，我们具体介绍这些调试工具的使用方法。

1.3.2　使用调试工具

在 JavaScript 编程过程中，我们常用的调试工具主要有两大类：第一类是之前介绍过的、由 Web 浏览器提供的调试工具，即使是基于 uni-app、Electron 这一类跨平台框架的客户端软件，它们通常也内置了基于 Google Chromium 这类开源浏览器的调试工具，在使用方法上是大同小异的；第二类是由 VSCode 编辑器这种专用开发工具集成的调试器。下面，我们就分别以 Google Chrome 浏览器和 VSCode 编辑器为例分别介绍这两类调试工具的使用方法。

1.3.2.1　使用 Google Chrome 浏览器来调试

如果要想在 Google Chrome 浏览器中调试之前那段 JavaScript 代码，我们需要在该浏览器中打开要调试代码所在的 HTML 文档，并在浏览器的主菜单中依次单击「更多工具」→「开发者工具」，然后在打开的「开发者工具」窗口中选择「Sources」选项卡，就会看到如图 1-15 所示的界面。

图 1-15　「开发者工具」窗口的「Sources」选项卡

如你所见，现在的「开发者工具」窗口被分成了左、中、右 3 列。接下来，我们需要先在左边这一列中找到要调试的源码文件并单击它，该源码就会随之出现在中间这一列中。然后，我们要通过一种被称为**断点**的调试机制来设置一些代码执行过程中的观察点，以便观察相关的数据状态。在通常情况下，这些断点的位置就是我们之前要添加 `console` 对象调用的地方。例如在这里，我们应该将断点设置在第 24 行，具体做法就是在「开发者工具」窗口的中间这一列中，单击要设置断点位置的行号之前的空白处，然后刷新当前页面并单击页面中的「打个招呼!」按钮。这样一来，读者就会看到调试工具在我们设置断点的位置暂停代码的执行，并在「开发者工具」窗口的右边这一列中观察到代码运行时的数据，如图 1-16 所示。

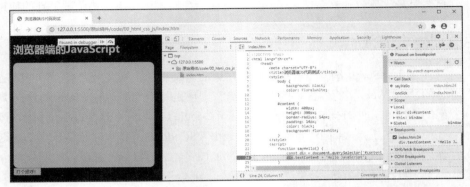

图 1-16　「开发者工具」中的断点调试

接下来，我们还可以利用位于「开发者工具」窗口右边这一列顶部的一组调试功能按钮进行更细致的单步调试。如果将鼠标指针在这些按钮上稍做停留，就会看到它们从左到右分别代表以下功能。

- **Pause/Resume script execution**：用于暂停或恢复脚本执行（让代码执行到下一个断点）。
- **Step over next function call**：用于让调试工具跳过下一个函数调用。
- **Step into next function call**：用于让调试工具进入下一个函数调用中。
- **Step out of current function**：用于让调试工具跳出当前执行的函数。
- **Deactive/Active all breakpoints**：用于关闭或开启所有断点（但并不会取消这些断点）。
- **Pause on exceptions**：用于应对异常情况的自动断点设置。

需要说明的是，我们在这里介绍的只是用浏览器调试代码的基本方法，更丰富的调试方法还需要读者自己去探索，这里考虑到篇幅的因素就不展开讨论了。

1.3.2.2　使用 VSCode 编辑器来调试

如果我们想在编写代码的同时对其进行调试，且又不想频繁地在项目开发工具和浏览器之间来回切换，使用项目开发工具本身提供的调试器无疑是一个更方便的选择。如果想在 VSCode 编辑器中调试之前的 JavaScript 代码，我们需要先在 VSCode 编辑器中打开这段代码所在的 HTML 文档，并在编辑器界面左侧纵向排列的图标按钮中找到「运行」按钮并单击它，或直接按快捷键「Ctrl + Shift + D」，然后就会看到如图 1-17 所示的界面。

图 1-17　VSCode 编辑器的调试界面

　　然后，在安装了 Live Server、Debugger for Chrome 这两个插件的情况下，我们只需要单击「创建 launch.json 文件」，并选择好要调试的项目以及调试环境选项（这里选择的是「Chrome」）。这样一来，VSCode 编辑器就会在当前项目的 .vscode 目录下创建一个名为 launch.json 的配置文件。接下来，我们需要将该文件中的默认设置修改如下。

```
{
    "version": "0.2.0",
    "configurations": [
        {
            "type": "chrome",
            "request": "launch",
            "name": "00_html_css_js",
            "url": "http://localhost:5500/00_html_css_js/index.htm",
            "webRoot": "${workspaceFolder}"
        }
    ]
}
```

　　如你所见，我们在这里主要做了两项修改：首先是代表当前调试配置的名称 name，这主要用于识别当前的调试配置；然后是用于指定被调试目标文件的 url。需要注意的是，由于我们在这里是使用 Live Server 插件来构建 HTTP 服务的，所以服务端口要改成该服务的默认端口 5500。

　　在完成以上配置之后，我们接下来就只需要在源码中设置好断点（设置断点的操作方式与之前介绍的相似），然后在 VSCode 编辑器中通过单击底部的「Go Live」按钮来启动由 Live Server 插件自动构建的 HTTP 服务，并在其主菜单中依次单击「运行」→「启

动调试」，或直接按快捷键「F5」就可以启动调试任务了。同样地，当我们在弹出的页
面中单击「打个招呼！」按钮时，就会在 VSCode 编辑器中看到代码的执行停在我们设
置的断点处，并在左侧显示出代码运行时的数据，如图 1-18 所示。

图 1-18　VSCode 编辑器中的断点调试

在上述调试界面中，源码视图的顶部也存在一组用于进行单步调试的功能按钮，这些
按钮的排列顺序与我们之前在浏览器中看到的是完全一致的，读者可以尝试着用它们来进
行更细致的调试工作，这里就不再介绍了。另外需要特别说明的是，我们这里演示的只是
前端代码的调试，对于后端代码的调试，我们将会在后面具体实现相关项目时做进一步的
说明。当然，如果读者希望对 VSCode 编辑器的调试配置文件及其设置方法能有更全面的
了解，也可以去参考韩骏先生所著的《Visual Studio Code 权威指南》一书。

1.4　本章小结

在本章中，我们带领读者为接下来要展开的项目实践做了一系列准备工作。首先，
我们简单介绍了构建这些项目所需要了解的背景知识，其内容包括项目所遵循的 C-S 体
系结构，以及 C-S 项目的前、后端所要使用的主要技术。接着，我们介绍了如何搭建接
下来将涉及的编程环境，其内容包括如何打开浏览器中的开发工具、如何安装 Node.js
运行环境、如何安装和配置用于编写代码的编辑器和集成开发环境，以及如何利用版本
控制工具构建源码管理机制。最后，我们为读者介绍了代码调试工作的本质、这项工作
所应该遵循的基本思路，以及调试工具的基本使用方法。

待读者切实地完成了以上这些准备工作之后，从第 2 章开始，我们就可以试着来构
建各种基于 Vue.js 框架的项目了。

第一部分

Vue.js 快速入门

既然我们要以 Vue.js 框架为核心来展开项目的实践讨论，那么熟悉这个框架本身就是首先要解决的问题。因此在本书的第一部分中，我们将用 5 章介绍 Vue.js 框架的基本设计思想与使用方法，这 5 章内容分别对应一项在使用该框架创建前端应用时需要讨论的议题，具体如下。

- 第 2 章 创建前端应用。
- 第 3 章 设计用户界面。
- 第 4 章 实现 Vue 对象。
- 第 5 章 使用 Vue 组件。
- 第 6 章 使用自动化工具。

第 2 章　创建前端应用

在本章中，我们首先会对 Vue.js 框架做简单的介绍，目的是让读者了解这一框架带来的开发优势，以及本书为什么要选择围绕它来展开关于前端开发的讨论。然后，我们会具体演示如何逐步将第 1 章中的 "Hello JavaScript" 示例转换成一个基于 Vue.js 框架构建的前端项目，目的是借助这一过程让读者了解创建 Vue.js 项目的基本步骤，以及这些步骤所反映的设计思路。在学习完本章内容之后，希望读者能够：

- 了解 Vue.js 框架的设计思想及其所具备的优势；
- 掌握基于 Vue.js 框架创建前端项目的基本步骤；
- 初步理解 Vue.js 项目的组织方式及其设计模型。

2.1　选择 Vue.js 框架的原因

如果粗略地回顾一下最近这七八十年间在 "计算机世界" 中出现过的各种软件项目，就会发现许多成功的项目都有着一个相似的起源故事，那就是它们最初都只是其创造者为满足自己的需求而将之开发出来的。例如：高德纳·E.克努特（Donald E.Knuth）开发出 TeX 只是因为他需要给自己写的书排版，莱纳斯·托瓦尔兹（Linus Torvalds）开发出 Git 只是因为他需要一个能替代 BitKeeper 的版本控制工具来维护 Linux 内核项目[1]。Vue.js 的故事很凑巧地也大致如此，其作者尤雨溪（Evan You）创建它的时候正在 Google 的创意实验室（Google Creative Lab）参与关于未来用户交互界面的研究。据尤雨溪本人所说[2]，

1　2005 年，Samba 文件优务的开发者安德鲁·崔杰尔（Andrew Tridgell）写了一个链接到 BitKeeper 存储库的简单程序，不幸被 BitKeeper 创办人拉里·麦克沃伊（Larry McVoy）认为他要对 BitKeeper 进行逆向工程，并因此停止了 BitKeeper 对 Linux 内核项目的支持。

2　这里的信息来自一部名叫 *Vue.js - The Documentary* 的纪录片，有兴趣的读者可以在各大视频网站上找到它。

当时的工作需要编写大量的纯 JavaScript 代码，为了提高工作效率，他认为自己需要一个能专注于构建用户交互界面，同时又简单易用的 JavaScript 框架，结果一直找不到合适的，于是自己动手开发出了 Vue.js。

在我个人看来，这些优秀软件项目的起源故事如此"不约而同"是有其内在逻辑的。毕竟从根本上来说，软件本质上只是我们用计算机解决某种具体问题的一套解决方案，所以软件的设计应该是一个由解决某个具体问题的内在需求来驱动的工作。然而学过传统软件工程理论的读者应该都知道，描述需求是一件很难做到完全精确的麻烦事，软件的开发者与其用户之间经常会发生对同一份需求描述的理解不一致的情况，这长期以来都是软件开发过程中会出现的最大难题之一。所以对软件开发者来说，最明确的需求通常是自己的需求。而一旦软件很好地满足了某个明确的需求，就不愁没有类似需求的用户。就 Vue.js 这个框架来说，从尤雨溪给它起的名字就可以看出作者最初要满足的需求，"Vue"是英文单词"View"在法语中的对应词汇，翻译成中文就是"视图"。在大家所熟悉的传统模型-视图-控制器（Model-View-Controller，MVC）模型[1]中，"View"通常指的是应用程序中用于呈现和操作数据的用户界面，所以 Vue.js 在设计上优先满足的需求就是构建应用程序的用户界面。很显然，大部分想基于 JavaScript 语言来构建应用程序的开发者都会面临这个需求。

但是 JavaScript 社区中的前端框架琳琅满目，我们在本书中为什么偏偏选择用 Vue.js 来满足构建用户界面的需求呢？其原因和尤雨溪放着 Google 自家的 Angular 框架不用，非要自己开发一个新的框架是类似的。与 Angular 陡峭的学习曲线、包罗万象的功能相比，Vue.js 被设计成了一个可以自底向上分层应用的渐进式框架。这意味着，我们可以在构建应用的初期只使用它的核心库来构建视图层，然后根据后续的实际扩展需求来决定是否引入更外层的路由器、状态管理、打包工具等组件。因此选择该框架不仅能让学习曲线显得平缓，还便于我们的代码与其他第三方程序库或既有项目进行整合。另外，我们也可以根据 Vue.js 官方文档的说明，了解到该框架还具有以下几项更具体的优势。

- 它使用了虚拟的 DOM，这既提高了页面渲染速度，也简化了对 HTML 页面元素的操作方式。
- 它采用了与传统 HTML 类似的模板语法，这相较于 JSX 这类需要特别学习的模板语法显然更易于上手。
- 它采用了双向数据绑定的响应式视图模型，其构建的用户界面将由数据来驱动，这有利于提高用户体验。

当然，除了以上纯技术因素，由于 Vue.js 的作者本人是一个以中文为母语的技术工作者，所以 Vue.js 社区提供的中文资料也比其他 JavaScript 前端框架的要更丰富一些，这也是我在本书中选择使用这一框架来讨论项目实践的一个重要原因。另外需要说明的

---

1 在传统的 MVC 模型中，M 是指业务模型，V 是指用户界面，C 则是指控制器，该模型的设计目的是将 M 和 V 的实现代码分离，从而降低它们之间的耦合度，使同一个程序可以使用不同的表现形式。

是，我们接下来要讨论的内容更偏向于在构建项目过程中所需要做的步骤，与 Vue.js 官方文档中提供的教程相比，它们不仅不是简单的重复，甚至还有些内容上的互补，所以我个人会倾向于建议读者搭配 Vue.js 官方文档来学习本书中所讨论的内容。

2.2 创建第一个 Vue.js 项目

和 Vue.js 官方文档一样，我个人也强烈建议读者在搞清楚一个 Vue.js 项目的基本组成之前，不要使用 Vue CLI 这样的自动构建工具来创建项目，因为这样做将不利于培养开发者对项目的完全掌控能力。也正是基于这方面的考虑，我们接下来会选择从零开始，以构建传统的 HTML+CSS+JavaScript 项目的组织方式来构建本书中的第一个基于 Vue.js 框架的项目。然后在第 5 章结束之前，我们会逐步将该项目的组织方式改造成真正的 Vue.js 项目该有的样子，这样做的目的是让读者能切实地理解 Vue.js 项目的组织方式，以及这种组织方式背后的设计思想和使用的具体技术。现在闲话少说，让我们正式开始吧！

2.2.1 创建并初始化项目

在第 1 章的 `00_html_css_js` 项目中，我们出于演示方便的考虑，将 CSS、JavaScript 代码都直接放在了 HTML 文档中。这种代码编写方式的缺点是很明显的：首先，这样做会导致代码之间的耦合度过高，在项目规模扩大之后，不利于样式和脚本代码的重用和后期维护；其次，这样做也会导致 Web 浏览器和其他客户端每次加载应用程序的用户界面时都只能针对同一个 HTML 文件发起请求，无法做到只针对用户界面代码中经常发生变化的部分发起请求，对不经常变化的部分（例如样式部分）进行缓存，以减少客户端需要向服务端请求的数据量，提高用户界面的加载速度。接下来，我们既然要将该项目改造成 Vue.js 项目，顺便就将这一问题也一并纠正了吧！而为了将 HTML、CSS、JavaScript 代码分开存放，开发者需要在项目中设置一些对应的目录。简言之，我们现在要执行以下步骤来创建本书的第一个项目。

1. 先在 `code` 目录下创建一个名为 `01_hello_vuejs` 的目录，以此作为这个新建项目的根目录。
2. 然后在 `01_hello_vuejs` 目录下创建一个名为 `styles` 的目录，该目录将专用于存放 CSS 样式文件。
3. 继续在 `01_hello_vuejs` 目录下创建一个名为 `scripts` 的目录，该目录将专用于存放 JavaScript 脚本文件。
4. 使用 Powershell 或 Bash Shell 这类命令行终端打开 `01_hello_vuejs` 目录，并使用 `npm init --yes` 命令来产生默认的配置文件。
5. 使用任意文本编辑器打开位于 `01_hello_vuejs` 目录下的、名为 `package.`

json 的配置文件，就可以看到其当前配置如下。

```
{
    "name": "01_hello_vuejs",
    "version": "1.0.0",
    "description": "",
    "main": "index.js",
    "scripts": {
        "test": "echo \"Error: no test specified\" && exit 1"
    },
    "keywords": [],
    "author": "",
    "license": "ISC"
}
```

我们在这里使用的 NPM（Node Package Management）是一款内置在 Node.js 运行环境中的、主要面向 JavaScript 语言的包管理器。需要说明的是，NPM 包管理器连接着一个全世界最大的 JavaScript 软件仓库，即 npmjs。通过该包管理器，我们不仅可以将自己的项目打包发布到 npmjs 上，也可以将别人发布到 npmjs 上的包引入自己的项目中，同时还可以直接用它来安装一些由 JavaScript 实现的软件工具。当然，对 NPM 不熟悉的读者也不必担心，我们在后续内容中会结合项目的构建过程逐步为您介绍该包管理器的使用方法。读者在上述 JSON 文件中看到的实际上是用 `npm init --yes` 命令为项目生成的默认选项，下面来具体介绍一下这些选项的作用。

- **name**：用于指定项目被打包发布时要使用的包名，该名称必须由数字、小写字母，以及英文中的 “-” 和 “_” 组成，中间不能有空格。
- **version**：用于指定项目被打包发布时需要设定的版本号。NPM 包的版本号通常采用 X.Y.Z 这样的格式来表示（X 代表主版本号，Y 代表次版本号，Z 代表补丁版本号）。
- **description**：用于在项目打包发布时附上说明性文本，以帮助用户了解该项目的基本功能。
- **main**：用于指定项目被打包之后的主入口文件，即用户在引入该程序包时首先要加载的文件，默认值是当前目录下的 index.js。
- **scripts**：用于设置一些与项目相关的自定义命令，例如在这里，我们只需要用命令行终端打开当前目录并在其中执行 npm test 命令，就会看到终端输出带有 “Error: no test specified” 字样的信息。关于这种自定义命令在项目中所能发挥的具体作用，我们将会结合项目的实际需要来为读者一一演示。
- **keywords**：用于在项目打包发布时为其设置关键字，以提高用户在 npm 的搜索引擎中找到它的概率。
- **author**：用于在项目打包发布时附上作者信息，该信息可以是作者的真实姓名，也可以是他的网名。

- **license**：用于设置项目被打包发布之后使用的许可证书，默认值为 ISC，我们也可以将其设置为 MIT、BSD 等。该选项的设置与版权许可证体系以及开源文化相关，这部分知识不在本书的讨论范围，读者如有兴趣可自行去查阅相关资料。

当然，以上这些只是用 npm init 命令的--yes 参数生成的默认选项。如果读者想在项目初始化时手动配置一些选项，也可以不使用--yes 参数。在这种情况下，npm init 命令会在命令行终端中以问答的形式要求用户设置项目的一些选项。例如，读者在图 2-1 中看到的就是用这种方式将 00_html_css_js 示例初始化成一个项目的过程。

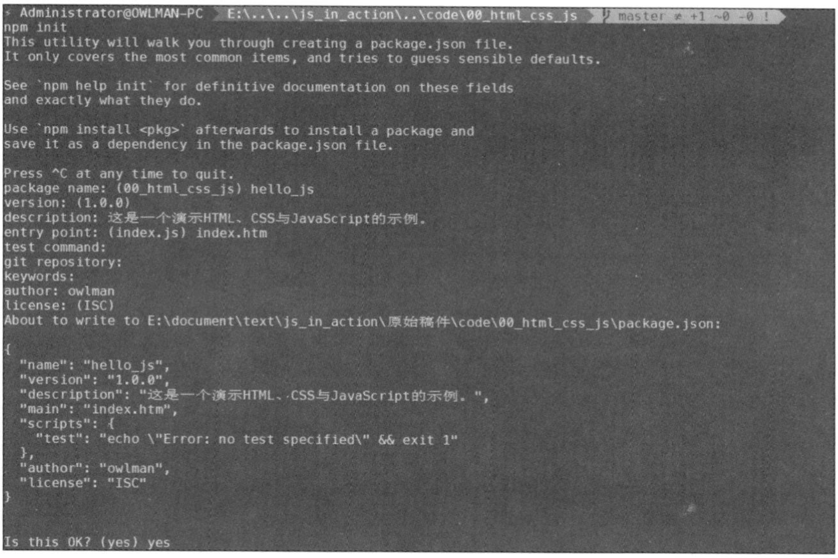

```
> Administrator@OWLMAN-PC   E:\..\..\js_in_action\..\code\00_html_css_js  master ≠ +1 ~0 -0 !
npm init
This utility will walk you through creating a package.json file.
It only covers the most common items, and tries to guess sensible defaults.

See `npm help init` for definitive documentation on these fields
and exactly what they do.

Use `npm install <pkg>` afterwards to install a package and
save it as a dependency in the package.json file.

Press ^C at any time to quit.
package name: (00_html_css_js) hello_js
version: (1.0.0)
description: 这是一个演示HTML、CSS与JavaScript的示例。
entry point: (index.js) index.htm
test command:
git repository:
keywords:
author: owlman
license: (ISC)
About to write to E:\document\text\js_in_action\原始稿件\code\00_html_css_js\package.json:

{
  "name": "hello_js",
  "version": "1.0.0",
  "description": "这是一个演示HTML、CSS与JavaScript的示例。",
  "main": "index.htm",
  "scripts": {
    "test": "echo \"Error: no test specified\" && exit 1"
  },
  "author": "owlman",
  "license": "ISC"
}

Is this OK? (yes) yes
```

图 2-1　使用 npm init 命令初始化项目

如果从实际操作的角度来考虑，我个人更倾向于选择先用默认选项的方式生成 package.json 文件，然后通过直接编辑该文件来配置项目。因为在现实的生产环境中，我们将项目打包发布时要配置的选项通常远不止上面这些，届时添加其他选项的工作通常也只能用编辑 package.json 文件的方式来完成。当然，基于技术学习规律方面的考虑，关于其他可配置的选项及其相关的作用，我们将等到在项目中实际用到它们时再一一为读者介绍。而现在，我们是时候为自己的项目加载 Vue.js 框架了。

2.2.2　正确地加载框架

既然要基于 Vue.js 框架来构建项目，那么"如何在项目中正确地加载框架"就成了我们接下来首先要解决的问题。在这里，"正确"这个词包含着两层含义：首先，由于

Vue.js 框架是一个非常活跃的开源项目，它的版本一直在持续不断地更新，所以开发者应该要能根据项目的实际需要来为要加载的框架选择一个合适的发行版，这也是实现"正确地加载框架"的一个重要因素；其次，Vue.js 框架以何种方式被加载到项目中也会在很大程度上影响后续的开发与维护工作。因此，让我们先来解决这个问题吧！

2.2.2.1　选择适用版本

在我开始本书的写作之前的一个月，Vue.js 框架发布了它的 3.0 版本。这一版本及其后续版本（以下简称 3.x 版本）的 Vue.js 框架在使用方式上发生了较大幅度的变动，近几个月来在 JavaScript 社区引起了热烈的讨论，有人欢迎新版本带来的改变，有人则持有怀疑态度，整体看来要想在社区中达成共识还需要一些时日。当然，框架的新版本是否能获得成功可以留待时间来检验，但眼下要决定的是我们在本书里采用该框架的哪一个发行版。对于这个问题，我做出了如下两点思考。

- 本书要讨论的是项目实践方面的问题。在大部分项目实践中，选择使用最新版本的工具算得上是一种非常激进的策略。因为这样做会给项目带来很大的不确定性，这通常不是一个负责任的做法。况且，Vue.js 3.x 大幅度地改变了该框架的使用方法，这意味着之前已有的 Vue.js 2.x 代码与它之间会存在或多或少的兼容问题。在实际项目环境中，无法高效地重用现有代码也会在很大程度上影响项目的开发效率。所以，我个人更倾向于建议读者在项目实践中采用"够用就好"的保守策略，至于新版本，还是"让子弹先飞一下"吧！

- 也正是由于 Vue.js 3.x 在框架的使用方式上做了很大幅度的改变，一个月左右的时间也不足以让我完全深入地理解这些变化背后的设计意图，更谈不上分享有关项目实践方面的经验。所以从写作的角度来考虑，直接在本书中使用 Vue.js 3.x 也实在不是一个负责任的选择。

所以经过再三考虑，我决定仍将使用 Vue.js 框架的 2.x 版本来完成本书中所有项目的实践演示。当然，考虑到部分读者的需要，我们会在适当的地方讨论一下 Vue.js 3.x 带来的变化。

2.2.2.2　框架加载方式

在确定要使用哪一个版本的 Vue.js 框架之后，接下来的工作就是将框架加载到项目中。和大多数基于 JavaScript 语言开发的前端程序库和应用框架一样，在项目中加载 Vue.js 框架也主要有 CDN 服务和本地文件这两种方式。下面就让我们分别介绍这两种加载方式以及它们各自的优势。

2.2.2.3　CDN 服务

CDN 是 Content Delivery Network 的英文缩写，在中文中通常被翻译为"内容分发网络"。顾名思义，这是一种利用现有网络系统中最靠近目标用户的服务器节点，以实现更快、更可靠地分发音乐、图片、视频、应用程序以及其他数据资料的服务方式，目的是提供高性能、可扩展及低成本的网络资源给用户。换言之，当我们使用 CDN 服务的方式来加载 Vue.js 框架时，框架的源码文件应该被存储在 CDN 服务网络中，然后该服务网络会集中负责处理针对该框架源码的访问请求并维护该框架的源码，而我们只需要在相关的HTML 文档中使用<script>标签来引用该 CDN 服务的 URL 即可，像以下这样。

```
<!-- 加载开发环境版本，该版本包含有帮助的命令行警告 -->
<script src="https://cdn.jsdelivr.net/npm/vue/dist/vue.js"></script>
<!-- 或者 -->
<!-- 加载生产环境版本，该版本优化了文件大小和载入速度 -->
<script src="https://cdn.jsdelivr.net/npm/vue"></script>
```

在上述代码中，我演示了如何使用 cdn.jsdelivr.net 提供的 CDN 服务来加载Vue.js 框架，这也是 Vue.js 官方文档中推荐的服务。至于是该采用开发环境的版本，还是生产环境的版本，这就要取决于具体的使用场景了。在通常情况下，我个人建议读者在程序开发阶段先采用反馈信息相对丰富的开发环境版本，等到程序发布之时再切换至更追求执行效率的生产环境版本。下面，我们来了解使用 CDN 服务的优势。

- CDN 服务网络的总承载量通常要比单一骨干型网络大得多。这使得它可以承载的用户数量比起传统单一服务器要多上许多。
- CDN 服务网络本质上是一种分布式网络，它的服务器会被布置到各种不同的地方，这有助于减少计算机之间互连的流量，进而降低带宽成本。
- CDN 服务通常会指派离目标位置较近、网络也较顺畅的服务节点将资料传输给用户，这或多或少有助于提高该服务响应请求的速度。
- CDN 服务网络中存储的资源通常有异地备份，当某个服务节点发生故障时，系统将会调用其他邻近服务节点上的资源，以提高其可靠性。
- CDN 服务会提供给资源提供者更多的控制权，即提供资源服务的人可以针对客户、地区，或是其他因素来做相应的调整。

当然，这种加载框架的方式归根结底还得依赖于现实中的具体网络环境，甚至很多时候我们还需要依赖国外的网络环境。我个人建议读者将框架文件下载到本地来加载。

2.2.2.4　本地文件

正如上面所说，最好的选择是将 Vue.js 的框架文件下载到本地，然后以本地文件的方式来加载它们。下载 Vue.js 框架的方式有很多，但为了便于更新版本，人们通常会选择使用 NPM 这类包管理器来下载 JavaScript 的各种第三方库和应用框架。具体做法就是在之前创建的 01_hello_vuejs 目录下执行 npm install vue --save 命令。

在这里，`npm install vue` 命令的作用是将被发布到 npmjs 软件仓库中的 Vue.js 框架安装到本地，而 `--save` 参数的作用则是指定将框架安装到当前项目中。如果安装过程一切顺利，我们就会看到当前项目的根目录下多了一个名为 `node_modules` 的目录，NPM 安装到项目中的第三方库或应用框架都将被存放在该目录下。除此之外，读者还会发现之前生成的 `package.json` 文件被修改了，它现在的内容如下。

```
{
    "name": "01_hello_vuejs",
    "version": "1.0.0",
     "description": "",
    "main": "index.js",
    "scripts": {
        "test": "echo \"Error: no test specified\" && exit 1"
    },
    "keywords": [],
    "author": "",
    "license": "ISC",
    "dependencies": {
        "vue": "^2.6.12"
    }
}
```

如你所见，现在的项目配置中多了一个名为"dependencies"的选项。该选项的作用是声明当前项目所依赖的第三方库或应用框架，以及它们的版本要求。例如在这里，我们的项目依赖的是 Vue.js 框架，并且其版本应在 2.6.12 以上（请注意，这里的"^"代表的是"以上"的概念，即不能低于指定的版本）。接下来，我们就只需要在 HTML 文档的`<script>`标签中指定 Vue.js 框架文件所在的相对路径即可，像以下这样。

```
<!-- 加载开发环境版本，该版本包含有帮助的命令行警告 -->
<script src="node_modules/vue/dist/vue.js"></script>
<!-- 或者 -->
<!-- 加载生产环境版本，该版本优化了文件大小和载入速度 -->
<script src="node_modules/vue/dist/vue.min.js"></script>
```

同样地，我们在这里也可以根据项目所处的阶段来决定是采用开发环境版本还是生产环境版本。这样一来，我们就解决了框架文件的存储方式问题。但有过 JavaScript 使用经验的读者应该知道，在 HTML 文档中直接使用`<script>`标签来加载 Vue.js 框架依然不是最理想的方式，因为这样做会导致该框架中定义的所有对象名称都被暴露在全局域中，有可能会带来一些无法预测的命名冲突问题。所以更为理想的做法应该是，先利用`<script>`标签中新增的模块类型属性（即 `type="module"`）来外链一个自定义的 JavaScript 代码文件，像以下这样。

```
<script type="module" src="main.js"></script>
```

然后在该代码文件中使用 ES6 新增的模块机制来加载 Vue.js 框架。但需要特别注意的是，

Vue.js 框架在默认情况下并不支持 ES6 的模块机制,因此在使用 import 语句加载该框架时,我们必须要特别指定支持在浏览器端使用 ES6 模块机制的那个构建版本[1],像以下这样。

```
// 加载开发环境版本,该版本包含有帮助的命令行警告
import Vue from './node_modules/vue/dist/vue.esm.browser.js';
// 或者
// 加载生产环境版本,该版本优化了文件大小和载入速度
import Vue from './node_modules/vue/dist/vue.esm.browser.min.js';
```

当然,这样做也就意味着接下来要编写的代码只能在支持 ES6 的浏览器中运行,但读者也不必过于担心这方面的问题,我们可以使用一种更具普适性的框架加载方式,眼下只是为了后面能更深入地探讨 Vue.js 项目的组织方式,暂时先使用 HTML+JavaScript 这种较为传统的方式来组织当前这个项目。

2.2.3 创建源码文件

在了解了如何正确地将 Vue.js 框架加载到项目中之后,接下来就可以正式在项目中创建源码文件了。我们在本章的任务是将第 1 章中的"Hello JavaScript"示例转换成一个功能相同,但使用 Vue.js 框架构建的前端项目,其具体步骤如下。

1. 将 code/00_html_css_js 目录下的 index.htm 文件复制到 code/01_hello_vuejs 目录中。

2. 在 code/01_hello_vuejs/styles 目录下创建一个名为 main.css 的文件,并将 index.htm 文件中位于 <style> 标签之间的样式代码复制到该文件中,具体如下。

```
body {
    background: black;
    color: floralwhite;
}

#content {
    width: 400px;
    height: 300px;
    border-radius: 14px;
    padding: 14px;
    color: black;
    background: floralwhite;
}
```

3. 在 code/01_hello_vuejs/scripts 目录下创建一个名为 main.js 的文件,并在其中编写如下代码。

```
// 加载开发环境版本,该版本包含有帮助的命令行警告
import Vue from '../node_modules/vue/dist/vue.esm.browser.js';
// 或者
```

---

1 关于 Vue.js 的这些需要特别指定的构建版本,读者如有兴趣可自行查阅 Vue.js 2.x 官方文档中的框架安装部分。

```
// 加载生产环境版本，该版本优化了文件大小和载入速度
// import Vue from '../node_modules/vue/dist/vue.esm.browser.min.js';
const app = new Vue({
    el: '#app',
    data: {
        app_title: 'Vue.js 前端应用示例',
        message: ''
    },
    methods: {
        sayHello: function() {
            this.message = 'Hello, Vue.js app.';
        }
    }
});
```

4. 将 code/01_hello_vuejs 目录下的 index.htm 文件中的代码修改如下。

```
<!DOCTYPE html>
<html lang="zh-cn">
    <head>
        <meta charset="UTF-8">
        <title>浏览器端 JS 代码测试</title>
        <link rel="stylesheet" type="text/css" href="styles/main.css" />
        <script type="module" src="./scripts/main.js"></script>
    </head>
    <body>
        <div id="app">
            <h1> {{ app_title }} </h1>
            <div id="content"> {{ message }} </div>
            <input type="button" value="打个招呼！" v-on:click="sayHello()">
        </div>
    </body>
</html>
```

接下来，如果我们在 Web 浏览器中打开上面的 index.htm 文件，就会看到如图 2-2
所示的效果。

图 2-2　Vue.js 版本的"跟大家说 Hello"

　　另外需要补充说明的是，如果在调试 Vue.js 前端应用时觉得浏览器自带的开发者工具还有些不尽如人意，也可以按照 Vue.js 官方文档的指示，为浏览器安装一个名叫 Vue Devtools 的插件。该插件是一个专用于调试 Vue.js 前端应用的工具，在目前的主流 Web 浏览器中都有相应的版本。我们在 Google Chrome 浏览器中安装了该插件之后，用它打开上述 index.htm 文件时看到的界面，如图 2-3 所示。

图 2-3　Vue Devtools 的界面

　　关于该工具的具体使用方法，我们会在后续的项目实践中，根据实际需要来为读者一一演示。下面，让我们先通过上面这个示例来简单认识一下 Vue.js 前端应用的组织方式与设计思路。

2.3　初识 Vue.js 前端应用

　　从上述示例中，读者应该可以看出 Vue.js 前端应用的基本组织方式。首先，项目中至少会有一个用于描述用户界面布局的 HTML 模板文件。在该模板文件中，我们除了会设置传统的 HTML 标签，通常还会使用一系列由 Vue.js 框架定义的模板指令来控制用户界面的显示内容。例如在上述 index.htm 文件中，我们在<input type="button">标签中就使用了 v-on:click 指令，这就是 Vue.js 框架定义的、用于注册事件处理函数的指令。关于 Vue.js 框架定义的这些指令的具体使用方法，我们将会在第 3 章中为读者详细介绍。

　　接下来，我们会在与该 HTML 模板文件相关联的 JavaScript 代码中加载 Vue.js 框架，并创建一个 Vue 类型的对象。该对象的基本组成成员有以下 3 项。

- **el 成员**：该成员的值可以是任何一个符合 CSS 选择器语法的字符串，例如#ID、CLASSNAME 等。它主要用于设置当前 Vue 对象所绑定的容器标签，通常情况下会是一个<div>标签，当然也可以是 HTML5 中新增的<header>、<footer>等标签，Vue.js 框架定义的所有模板指令都必须在该标签内使用才能发挥其功能。例如在本章的示例中，Vue 对象绑定的是 id 属性值为 app 的<div>标签。

- **data 成员**：该成员用于设置模板文件中绑定的数据，它的值本身也是一个 JSON 格式的对象，该对象的每个成员都对应一个模板文件中绑定的对象。例如在本章的示例中，我们在 data 成员中分别定义了 app_title 和 message 这两项在模板文件中被绑定的字符串数据。

- **methods 成员**：该成员用于设置模板文件中注册的事件处理函数，它的值也是一个 JSON 格式的对象。该对象的每个成员都对应一个已在模板文件中用 v-on 指令注册的事件处理函数。例如在本章的示例中，我们在 methods 成员中定义的 sayHello() 函数就是模板文件中用 v-on 指令注册的 click 事件处理函数。

当然，以上这些只是 Vue 对象应该有的基本成员，在后面的章节中，我们将会根据项目开发的实际需要陆续为读者介绍如何为该对象添加其他成员，以及这些成员各自的功能。总而言之，在 Vue.js 前端应用的这种组织方式中，JavaScript 代码与 HTML 标签的交互方式并不像使用原生应用程序接口（Application Program Interface，API）那么直接，它通过先在 HTML 标签中嵌入一系列由 Vue.js 框架定义的模板指令来绑定数据，然后通过在 JavaScript 代码中修改这些被绑定的数据来修改 HTML 标签的显示方式与内容。我们通常将这种用数据内容的变化来驱动整个程序业务运作的编程模型称为 **MVVM**。

MVVM 是 Model-View-ViewModel 的英文缩写，它本质上是传统的 MVC 模型在前端开发领域中的一种变化。MVVM 与 MVC 模型的唯一的区别就是，它将应用程序中业务逻辑这部分的实现方式由原先需要与 View 和 Model 进行三方单向循环交互的 Controller 实现改变成了可分别与 View 和 Model 进行双向交互的 ViewModel 实现。其主要设计目的是将应用程序中代表用户界面部分的 View 实现进一步抽象化，使其彻底与代表数据处理部分的 Model 实现分离开来。总体而言，MVVM 可以为我们的前端项目带来以下几大优势。

- **降低耦合度**：在 MVVM 中，View 部分的实现可以独立于 Model 部分的实现来进行修改，甚至是重构。
- **提高重用性**：在 MVVM 中，同一个 ViewModel 实现可以绑定到多个不同的 View 实现上。这意味着，我们可以为同一个业务逻辑实现设计各种不同的用户界面。
- **有利于分工**：在 MVVM 中，我们可以让开发人员专注于业务逻辑的开发，而将用户界面的设计交给更专业的设计人员，以充分发挥分工协作的优势。
- **有利于测试**：众所周知，直接对应用程序的用户界面进行自动化测试历来是比较困难的，但到了 MVVM 中，类似这样的测试可以围绕着 ViewModel 的实现来展开。这可极大地降低我们编写自动化测试代码的难度。

2.4　Vue.js 3.x 带来的变化

如果读者想使用 Vue.js 3.x 来编写本章的项目，可以根据该框架的官方文档中提供的安

装教程对之前的操作做出一些改变。首先，使用 NPM 在项目中安装框架时，命令应该改为
`npm install vue@next --save`。然后，将项目的 `main.js` 文件中的代码修改如下。

```
// 加载开发环境版本，该版本包含有帮助的命令行警告
import { createApp } from '../node_modules/vue/dist/vue.esm-browser.js';
// 或者
// 加载生产环境版本，该版本优化了文件大小和载入速度
// import { createApp }
//    from '../node_modules/vue/dist/vue.esm-browser.prod.js';

const app = {
    data: function() {
        return {
            app_title: 'Vue.js 前端应用示例',
            message: ''
        };
    },
    methods: {
        sayHello: function() {
            this.message = 'Hello, Vue.js app.';
        }
    }
};
createApp(app).mount('#app');
```

从上述代码中可以观察到，在切换至 Vue.js 3.x 框架时，除了要加载的框架文件在
名称上有所变化，以及 app 对象的 data 成员变成了一个函数对象外，更重要的是，加
载 app 对象的方法也发生了些许变化。现在我们需要先调用一个名叫 createApp()
的函数来挂载 app 对象，然后在其返回值上调用一个名叫 mount() 的函数来关联与该
对象关联的容器标签。

2.5 本章小结

在本章中，我们首先对 Vue.js 框架做了简单的介绍，向读者详细解释了本书为什么
要选择围绕 Vue.js 框架来展开项目的开发实践。然后，我们从构建项目目录开始，为读
者具体演示了如何使用 NPM 初始化项目并安装框架、如何在项目中正确地加载框架、
如何逐步将第 1 章中的 "Hello JavaScript" 示例转换成一个使用 Vue.js 2.x/3.x 框架构建
的前端项目。我们通过这些演示过程为读者介绍了 Vue.js 前端应用的基本组织方式，以
及这种组织方式所遵循的 MVVM。

第 3 章　设计用户界面

正如我们在第 2 章中所看到的，在 Vue.js 框架中，JavaScript 代码与 HTML 标签的交互方式并不像 ES6 标准中所定义的那些 API 使用起来那样简单而直接。在 MVVM 的影响下，我们通常需要先使用一系列由 Vue.js 框架定义的模板指令来完成用户界面的设计工作，然后通过实现相应的 Vue 对象来驱动该用户界面。本章将会借助一系列小型的示例来为读者具体演示这些模板指令的使用方法，以及如何使用它们来完成用户界面的设计工作。总而言之，在学习完本章内容之后，希望读者能够：

- 掌握如何在用户界面中实现单向或双向的数据绑定；
- 掌握如何根据特定的数据对用户界面进行动态渲染；
- 掌握如何使用由 Vue.js 框架定义的事件处理机制。

3.1　单向数据绑定

现在，我们不妨先来回顾一下之前的 01_hello_vuejs 示例项目，并具体地分析一下在 index.htm 模板文件中已经使用过的模板指令。首先是单向的数据绑定指令：在 id 属性值为 app 的<div>标签中，我们将<h1>标签之下的文本内容设置成了{{app_title}}。这种类似于通用模板的写法实际上是 v-text 指令的“语法糖”，换句话说，<h1>标签在基于 Vue.js 框架的 HTML 模板文件中更规范的写法应该是以下这样的。

```
<h1 v-text="app_title"></h1>
```

在上面这个<h1>标签中，v-text 指令的作用是将<h1>标签之下的文本内容绑定在一个名为 app_title 的模板变量上，而该模板变量中的数据将会在 Vue 对象中被定义。当然，考虑到大家一直以来编写 HTML 标签的习惯，我们在通常情况下更倾向于使用{{模板变量}}这样的模板语法来绑定文本数据。除了纯文本内容的数据绑定，有时候我们也需要在指定标签内插入其他标签，这就需要用到另一个名为 v-html 的数据绑定指令了，它的语法与 v-text 指令相同，即当某个模板变量 htmlTag 中的数据为<h1>Hello,World</h1>时，就可以像下面这样将它绑定到一个<div>标签中。

```
<div v-html="htmlTag"></div>
```

同样地，我们在很多情况下也会需要为标签本身的属性绑定数据，这需要使用到一个名为 v-bind 的模板指令，该指令的具体语法是先在相应的标签属性名前面加上"v-bind：前缀"，然后为该属性绑定一个在 Vue 对象中定义的数据。例如，如果想在 Vue.js 框架的模板文件中添加一个<img>标签，那么我们就可以像下面这样为该标签的 src 属性绑定数据。

```
<img v-bind:src="imgURL">
```

这样一来，<img>标签的 src 属性就与一个名为 imgURL 的模板变量绑定在一起了，然后我们只需要在 Vue 对象中定义该模板变量中的数据，并为其指定具体的 URL 即可。另外，v-bind 指令还有一种简写形式，即在要绑定数据的标签属性名之前加一个"：前缀"即可。例如，我们也可以像下面这样将<img>标签添加到 01_hello_vuejs/index.htm 模板文件中。

```
<!DOCTYPE html>
<html lang="zh-cn">
    <head>
        <meta charset="UTF-8">
        <title>浏览器端 JS 代码测试</title>
        <link rel="stylesheet" type="text/css" href="styles/main.css" />

        <script type="module" src="./scripts/main.js"></script>
    </head>
    <body>
        <div id="app">
            <h1> {{ app_title }} </h1>
            <!-- 上面是下面这种写法的语法糖 -->
            <!-- <h1 v-text="app_title"></h1> -->
            <div id="content">
                <img :src="imgURL">
                <!-- 上面是下面这种写法的简写形式 -->
                <!--<img v-bind:src="imgURL">  -->
```

```
            <p> {{ message }} </p>
        </div>
        <input type="button" value="打个招呼！" v-on:click="sayHello()">
      </div>
    </body>
</html>
```

接下来，我们需要在 `01_hello_vuejs` 项目的根目录下创建一个名为 `images` 的目录，并将一个名为 `logo.png` 的图片文件存储到该目录中，然后将 `01_hello_vuejs/scripts/main.js` 文件中的代码修改如下。

```javascript
// 加载开发环境版本，该版本包含有帮助的命令行警告
import Vue from '../node_modules/vue/dist/vue.esm.browser.js';
// 或者
// 加载生产环境版本，该版本优化了文件大小和载入速度
// import Vue from '../node_modules/vue/dist/vue.esm.browser.min.js';

const app = new Vue({
    el: '#app',
    data: {
        app_title : 'Vue.js 前端应用示例',
        message   : '',
        imgURL    : './images/logo.png'  // 添加 imgURL 模板变量
    },
    methods: {
        sayHello: function() {
            this.message = 'Hello, Vue.js app.';
        }
    }
});
```

当然，在查看修改的效果之前，我们还需要在 `01_hello_vuejs/styles/ main.css` 文件中为<img>标签添加一些专属样式，具体如下。

```css
/* 省略之前的样式 */
/* <img> 标签的专属样式 */
#content img {
    float: left;
    width: 200px;
    margin: 0px 14px;
}
```

现在，如果我们在 Web 浏览器中打开 `index.htm` 文件，并单击带有"打个招呼！"字样的按钮，就会看到如图 3-1 所示的效果。

图 3-1 使用 `v-bind` 指令实现绑定数据

3.2 实现动态渲染

在上面的示例中，`<img>`标签是一开始就被静态渲染在用户界面中的。现在，如果我们想让该标签也在用户单击按钮之后再显示出来，该如何实现呢？这就需要我们来介绍 Vue.js 框架中用于实现动态渲染的模板指令了。

3.2.1 条件渲染

在 Vue.js 框架的模板文件中，我们通常会利用 `v-show` 指令或 `v-if` 指令根据某一特定条件来实现对相关标签的条件渲染。下面，让我们先以之前的`<img>`标签为例来介绍一下 `v-show` 指令，它的基本语法如下。

```
<img :src="imgURL" v-show="[布尔值]">
```

如你所见，我们首先会像添加普通标签属性一样为`<img>`标签添加 `v-show` 指令。然后，`v-show` 指令必须要与一个布尔值相关联，该值既可以来自某个存储了布尔值的模板变量，也可以来自某个返回布尔值的表达式。这个布尔值就是 `v-show` 指令所要依据的渲染条件，当且仅当该值等于 `true` 时，`<img>`标签才会在用户界面中被渲染出来。例如在之前的示例中，如果我们不想在 Vue 对象中添加新的数据，就可以将 `v-show` 指令关联上一个返回布尔值的表达式，例如像以下这样。

```
<img :src="imgURL" v-show="message!=''">
```

这样一来，`<img>`标签就只能在模板变量 `message` 的值不等于空字符串时，也就是当用户单击了带有"打个招呼！"字样的按钮之后被渲染到用户界面中。但相信读者也看出来了，就当前这个业务逻辑的实现而言，上述方案通常是不能令人满意的，因为它只能让用户通过单击按钮的方式将相关信息渲染出来。如果读者想反复切换这部分信息的渲染条件，设置一个专用的模板变量或许是一种更为优雅的解决方案。该方案的做法也非常简单，只需要按如下步骤对之前的示例代码进行修改。

1. 先在 index.htm 模板文件中，为`<img>`和`<p>`这两个标签都添加 v-show="isShow"这个指令属性，并使用 v-bind 指令将`<input>`标签的 value 属性绑定在一个名为 btnText 的模板变量上，像以下这样。

```html
<!DOCTYPE html>
<html lang="zh-cn">
    <head>
        <meta charset="UTF-8">
        <title>浏览器端 JS 代码测试</title>
        <link rel="stylesheet" type="text/css" href="styles/main.css" />
        <script type="module" src="./scripts/main.js"></script>
    </head>
    <body>
        <div id="app">
            <h1> {{ app_title }} </h1>
            <!-- 上面是下面这种写法的语法糖 -->
            <!-- <h1 v-text="app_title"></h1> -->
            <div id="content">
                <img :src="imgURL" v-show="isShow">
                <!-- 上面是下面这种写法的简写形式 -->
                <!--<img v-bind:src="imgURL" v-show="isShow">  -->
                <p v-show="isShow">{{ message }}</p>
            </div>
            <input type="button" :value="btnText"
                v-on:click="sayHello()">
        </div>
    </body>
</html>
```

2. 然后在 main.js 文件中将 Vue 对象的实现修改一下，在 data 成员中加入与模板变量 isShow 相关联的数据，并更改 click 事件处理函数的实现，像以下这样。

```javascript
// 加载开发环境版本，该版本包含有帮助的命令行警告
import Vue from '../node_modules/vue/dist/vue.esm.browser.js';
// 或者
// 加载生产环境版本，该版本优化了文件大小和载入速度
// import Vue from '../node_modules/vue/dist/vue.esm.browser.min.js';

const app = new Vue({
    el: '#app',
    data: {
        app_title : 'Vue.js 前端应用示例',
        message   : 'Hello, Vue.js app.',
```

```
        imgURL    : './images/logo.png',
        isShow    : false,                        // 加入模板变量 isShow
        btnText   : '打声招呼！'
    },
    methods: {
        sayHello: function() {
            this.isShow = !this.isShow;
            this.btnText = this.isShow? '隐藏信息':'打声招呼！';
        }
    }
});
```

现在，如果我们再次用 Web 浏览器打开 index.htm 文件，就会看到当用户单击带有"打个招呼！"字样的按钮时，不仅相关的图片和文字会显示在用户界面中，按钮上的文本内容也会变成"隐藏信息"4 个字（见图 3-2）；当用户再次单击该按钮时，一切又会恢复原状。

图 3-2   使用 v-show 指令执行条件渲染

当然，我们也可以直接将上面的 v-show 指令替换成 v-if 指令，应用程序的功能方面是丝毫不会受到影响的。因为 v-if 指令的基本语法及其渲染功能与 v-show 指令是基本相同的，它们之间最大的区别是：v-if 指令会直接在 DOM 树结构上添加或删除其所在标签对应的元素节点，而 v-show 指令则单纯通过其所在标签的 style 属性来隐藏或显示该标签。在执行效率上，v-show 指令要更高效一些。除此之外的另一个区别是，v-if 指令还可以搭配 v-else 和 v-else-if 这两个指令来执行多个条件判断的条件渲染，其使用方式具体如下。

```
<div v-if="name === 'Bruce Wayne'">
    Batman
</div>
```

```
<div v-else-if="name === 'Clark Kent'">
    Superman
</div>
<div v-else-if="name === 'Diana Prince'">
    Wonder Woman
</div>
<div v-else>
    Others
</div>
```

在上述代码影响之下，浏览器或其他客户端将会根据模板变量 name 中存储的名字来决定渲染哪一个<div>标签。相信读者也看出来了，它们的用法与 JavaScript 语法中的 if-else-if 语句结构是基本相同的，相信大家对这类语句的使用早就驾轻就熟，因此我们在这里就不赘述了。

3.2.2　循环渲染

无论是 v-show 指令还是 v-if 指令，它们都只能根据特定条件来决定是否在用户界面中渲染其所在的标签。如果我们想用循环迭代的方式将某一数据结构中的信息渲染在用户界面中，就需要用到另一个名为 v-for 的模板指令了。为相关标签添加 v-for 指令的方式与之前添加 v-show 指令的类似。首先，我们需要像为标签添加普通属性一样为其添加 v-for 指令属性。然后，v-for 指令要与一个迭代表达式相关联，该迭代表达式的基本语法是：（[迭代变量列表]）in [被迭代对象]。当[被迭代对象]是一个数组对象时，[迭代变量列表]中的第一个变量对应的是数组中各项的值；第二个变量是可选的，它对应的是数组中各项的索引值[1]。例如，对于下面这个在 Vue 对象的 data 成员中被定义的数组对象 todoList。

```
new Vue({
    el: '#app',
    data: {
        todoList : ['task 1', 'task 2', 'task 3']
    }
});
```

我们就可以在模板文件中使用 v-for 指令来对该数组对象所管理的模板变量进行循环渲染，例如编写这样一个<ul>标签：

```
<ul>
    <li v-for="( item, index ) in todoList">
```

1　当[迭代变量列表]中只有一个迭代变量时，其括号是可以省略的。

```
        {{ item }} —> 列表索引：{{ index }}
    </li>
</ul>
```

在保存并重新打开该模板文件之后，我们就会看到浏览器或其他客户端将上述标签所在的位置渲染成下面这样一个无序列表元素。

```
<UL>
    <li> task 1 —> 列表索引：0 </li>
    <li> task 2 —> 列表索引：1 </li>
    <li> task 3 —> 列表索引：2 </li>
</ul>
```

而当 [被迭代对象] 是一个 JSON 格式的数据对象时，[迭代变量列表] 中的第一个变量对应的是对象中各属性的值；第二个变量同样也是可选的，它对应的是对象中各属性的名称。例如，如果我们想在之前的 01_hello_vuejs 示例中显示关于 Vue.js 框架的详细资料，就可以在 main.js 文件中先定义一个存储了该框架相关资料的 JSON 格式的数据对象，并将该对象设置为与模板变量 message 相关联的数据，例如像以下这样。

```
const vueMessage = {
    title       : 'Vue.js 框架简介',
    description : 'Vue (读音 /vju:/) 是一套用于构建用户界面的渐进式框架。',
    documents   : {
        '2.x' : 'https://cn.vuejs.org/v2/guide/',
        '3.x' : `https://v3.vuejs.org/guide/`
    }
};

const app = new Vue({
    el: '#app',
    data: {
        app_title : 'Vue.js 前端应用示例',
        message   : vueMessage,
        imgURL    : './images/logo.png',
        isShow    : false,
        btnText   : '打个招呼！'
    },
    methods: {
        sayHello: function() {
            this.isShow = !this.isShow;
            this.btnText = this.isShow? '隐藏信息':'打个招呼！';
        }
    }
});
```

　　然后，我们就可以在 index.htm 中这样对模板变量 message 进行循环渲染。

```
<div v-show="isShow" v-for="( value, name ) in message">
    <h3 v-if="name === 'title'"> {{ value }} </h3>
    <ul v-else-if="name === 'documents'">
        <li v-for="( url, version ) in value">
            <a :href="url"> Vue.js {{ version }} 官方文档 </a>
        </li>
    </ul>
    <p v-else> {{ value }} </p>
</div>
```

　　如你所见，除了关于 v-for 指令的示范，我们在上述代码中还示范了如何用 v-if、v-else 和 v-else-if 这 3 个指令针对该对象的不同属性进行条件渲染。需要特别说明的是，如果只是想在用户界面中按上述布局来显示模板变量 message 中的各项数据，实际上使用简单的数据绑定指令就可以达成目的（我们将在第 4 章中演示这种做法），上面这种烦琐的做法单纯只是为了示范如何用 v-for 指令对 JSON 格式的数据对象执行循环渲染，我个人并不鼓励读者在实际的项目实践中这样做。现在，当我们将上述代码更新到 01_hello_vuejs 示例中之后，再次用 Web 浏览器中打开 index.htm 文件，就会看当用户单击带有"打个招呼！"字样的按钮时，相关的数据显示在用户界面中了，效果如图 3-3 所示。

图 3-3　使用 v-for 指令进行循环渲染

3.3　响应用户操作

　　通常情况下，在应用程序的用户界面中进行的用户操作主要有两种形式：第一种是触发事件的操作，这种操作形式是通过调用预先注册到应用程序中的事件处理代码来达成用户的操作意图的；第二种则是借助单选按钮、复选框、文本框等输入性的 HTML 标签，直接使用键盘或鼠标等设备来输入数据。下面，我们先介绍 Vue.js 框架中的事件处理机制。

3.3.1 事件处理

在 Vue.js 框架中，事件处理函数的注册是通过 v-on 指令来实现的。它的基本使用方式与 v-bind 指令类似，就是在目标事件名称之前加上"v-on:前缀"，然后以"v-on：[事件名称<修饰符>]="[事件处理代码]""的语法形式为要注册事件的 HTML 标签添加 v-on 指令属性。例如在之前的 01_hello_vuejs 示例中，我们是像下面这样为<input>标签注册 click 事件处理代码的。

```
<input type="button" :value="btnText" v-on:click="sayHello()">
```

下面来详细说明一下 v-on 指令中的语法要素。首先是"v-on:前缀"，它的作用是表明这是一个 v-on 指令属性。需要说明的是，由于该指令还提供了@这种简写形式，因此在更多时候，我们会像下面这样来注册事件。

```
<input type="button" :value="btnText" @click="sayHello()">
```

接下来是[事件名称]，在 Vue.js 框架中，我们可注册的事件基本上是与 HTML 标签所支持的 DOM 标准事件一一对应的，只是名称有些许不同而已。并且在通常情况下，读者只需将 DOM 事件名称中的前缀 On 去掉，就可以得到相关事件在 Vue.js 框架中的对应名称。在表 3-1 中，我们列出了一些在项目实践中常用的 DOM 事件及其在 Vue.js 框架中的对应名称和事件触发的条件。

表 3-1　常用事件

DOM 事件名称	Vue.js 框架事件名称	事件触发的条件
Onabort	abort	标签所对应的元素加载过程被中断
Onblur	blur	标签所对应的元素失去焦点
Onchange	change	标签所对应的元素中的内容被改变
Onclick	click	用户单击某个标签所对应的元素
Ondblclick	dblclick	用户双击某个标签所对应的元素
Onerror	error	在加载标签所对应的元素时发生错误
Onfocus	focus	标签所对应的元素获得焦点
Onkeydown	keydown	某个键盘按键被按下
Onkeypress	keypress	某个键盘按键被按下并松开
Onkeyup	keyup	某个键盘按键被松开

续表

DOM 事件名称	Vue.js 框架事件名称	事件触发的条件
Onload	load	标签所对应的元素完成加载
Onmousedown	mousedown	鼠标按键被按下
Onmousemove	mousemove	鼠标被移动
Onmouseout	mouseout	鼠标指针从标签所对应的元素移开
Onmouseover	mouseover	鼠标指针移到标签所对应的元素之上
Onmouseup	mouseup	鼠标按键被松开
Onreset	reset	「重置」按钮被单击
Onresize	resize	窗口或框架被重新调整大小
Onselect	select	标签所对应的元素中的文本被选中
Onsubmit	submit	「提交」按钮被单击
Onunload	unload	用户退出页面

　　然后在必要时，我们还可以在[事件名称]后面添加一系列<修饰符>，以便更精确地控制相关事件的触发条件与传播方式。这些<修饰符>由 Vue.js 框架定义，各自有一些不同的功能，在通常情况下主要可分为以下三大类。

- **事件修饰符**。按照 DOM 标准的定义，事件的传播路径通常被分成了 3 个阶段：首先是事件捕获阶段，这一阶段的事件是以从 DOM 树结构的根节点到事件目标节点一路被捕获的方式来传播的；然后是抵达目标阶段，这一阶段的事件只存在于事件目标节点中；最后是事件冒泡阶段，这一阶段的事件是以从事件目标节点向 DOM 树结构的根节点一路向上冒泡的方式来传播的。在这里，事件目标节点指的是在事件被触发时，event 对象的 target 属性所指向的 DOM 节点。在 Vue.js 框架中，我们可以通过以下**事件修饰符**来实现更精确地控制事件的传播路径。
  - **.stop**：该修饰符的作用是停止事件在冒泡阶段的传播。
  - **.capture**：该修饰符的作用是停止事件在捕获阶段的传播。
  - **.self**：该修饰符的作用是让[事件处理代码]只监听在事件目标节点上触发的事件。
  - **.once**：该修饰符的作用是让[事件处理代码]只监听一次其所修饰的事件。
  - **.prevent**：该修饰符的作用是阻止事件默认的处理程序。例如在默认情况下，一旦我们单击表单元素中的「提交」按钮，该表单就会直接向服务端发送请求，如果我们不想它这样做，就可以在表单的 submit 事件上添加该修饰符。

下面是这些修饰符的一些使用示例。

```
<!-- 阻止 click 事件的冒泡传播： -->
<input type="button" value="Text" @click.stop="doSomething">
<!-- 阻止 click 事件的捕获传播 -->
```

```
<div @click.capture="doSomething">...</div>
<!-- 让[事件处理代码]只监听事件目标节点本身（不包含其子节点）触发的 click 事件： -->
<div @click.self="doSomething">...</div>
<!-- 让[事件处理代码]只处理一次事件目标节点上触发的 click 事件： -->
<a @click.once="doSomething"></a>
<!-- 阻止 submit 事件的默认处理程序： -->
<form @submit.prevent="doSomething"></form>
<!-- 修饰符还可以串联使用： -->
<input type="button" value="Text" @click.stop.prevent="doSomething">
```

- **按键修饰符**。该类修饰符主要用于限定其所修饰的事件只能在指定的按键被按下时触发，我们可以通过这类修饰符来更精确地控制相关事件的触发条件。在默认情况下，键盘的按键修饰符都是一些数字编码。例如，如果我们想让文本框元素只在按键编码为 13 时触发 keyup 事件，就可以像下面这样做。

```
<input type="text" @keyup.13="doSomething">
```

但考虑到记住所有的按键编码是一件比较困难的事情，因此 Vue.js 框架为一些常用的键盘按键定义了别名，具体如下。

- **.enter**：对应键盘上的「Enter」键。
- **.tab**：对应键盘上的制表符键，即「Tab」键。
- **.delete**：对应键盘上的删除键和退格键，即「Delete」键和「Backspace」键。
- **.esc**：对应键盘上的「ESC」键。
- **.space**：对应键盘上的空格键，即「Space」键。
- **.up**：对应键盘上的「↑」方向键。
- **.down**：对应键盘上的「↓」方向键。
- **.left**：对应键盘上的「←」方向键。
- **.right**：对应键盘上的「→」方向键。

除此之外，Vue.js 框架也为鼠标设置了按键修饰符，具体如下。

- **.left**：对应鼠标的左键。
- **.right**：对应鼠标的右键。
- **.middle**：对应鼠标的中间键。

下面是这些修饰符的一些使用示例。

```
<!-- 在按「Enter」键时触发 keyup 事件： -->
<input type="text" @keyup.enter="doSomething">
<!-- 在单击鼠标右键时触发 click 事件： -->
<div @click.right="doSomething">...</div>
```

- **系统修饰符**。该类修饰符主要用于限定其所修饰的事件只能在相应的系统功能键被按下才能被触发，通常会与按键修饰符搭配使用，系统修饰符具体如下。

— **.ctrl**：对应键盘上的「Ctrl」键。

— **.alt**：对应键盘上的「Alt」键。

— **.shift**：对应键盘上的「Shift」键。

— **.meta**：该修饰符在不同类型的键盘上代表不同的系统功能键。例如：在 macOS 操作系统键盘上，.meta 对应的是 command 键。在 Windows 操作系统键盘上，.meta 对应的是 Windows 徽标键。

— **.exact**：该修饰符可以让我们更精确地控制以上系统修饰符与一般按键修饰符组合时触发的事件。

下面是这些修饰符的一些使用示例。

```
<!-- 在用户按「Alt + C」组合键时触发 keyup 事件 -->
<input type="text" @keyup.alt.67="doSomething">
<!-- 在用户按「Ctrl」键时触发 click 事件 -->
<div @click.ctrl="doSomething">...
</div>
<!--
    在没有加.exact 修饰符的情况下,
    即使「Alt」键或「Shift」键与「Ctrl」键被一同按下, click 事件也会触发
-->
<input type="button" value="Text" @click.ctrl="doSomething">
<!--
    在加了.exact 修饰符的情况下,
    当且仅当「Ctrl」键被按下时, click 事件才会被触发 -->
<input type="button" value="Text" @click.ctrl.exact="doSomething">
```

请注意，系统修饰符与之前的按键修饰符的不同之处在于：当我们使用系统修饰符来修饰 keyup 事件时，修饰符所代表的系统功能键必须处于按下状态。换句话说，只有在按住「Ctrl」键的情况下释放其他按键，才能触发 keyup 事件。而单单释放「Ctrl」键不会触发事件。如果读者想要这样的行为，需要使用「Ctrl」键的按键编码来修饰 keyup 事件：keyup.17。

在介绍完[事件名称]及其<修饰符>之后，我们接着来介绍 v-on 指令的最后一个语法要素，即[事件处理代码]。和 DOM 事件的处理代码一样，这里的[事件处理代码]也有 3 种不同的设置方式。其中，最简单的方式就是直接为其指定一个要执行的 JavaScript 表达式。例如，如果我们想实现一个简单的计数器功能，就可以像下面这样做。

```
<!DOCTYPE html>
<html lang="zh-cn">
    <head>
        <title>计数器示例</title>
        <script type="module">
        import Vue from './node_modules/vue/dist/vue.esm.browser.js';

        new Vue({
```

```
                    el   : '#my_counter',
                    data : {
                        counter : 0
                    }
                });
            </script>
        </head>
        <body>
            <div id="my_counter">
                <input type="button" value=" - " @click="counter -= 1">
                <span> {{ counter }} </span>
                <input type="button" value=" + " @click="counter += 1">
            </div>
        </body>
    </html>
```

当然，这种直接在 v-on 指令中设置 JavaScript 表达式的方式显然只能用来实现一些简单的功能。然而在实际的开发实践中，我们要实现的功能通常要复杂得多，所以更多时候还需要使用绑定事件处理函数的方式。例如，如果我们想给计数器变量 counter 设定一个取值范围，就可以将上面的代码修改成下面这样。

```
<!DOCTYPE html>
<html lang="zh-cn">
    <head>
        <title>计数器示例</title>
        <script type="module">
        import Vue from './node_modules/vue/dist/vue.esm.browser.js';

        new Vue({
            el   : '#my_counter',
            data : {
                counter : 0
            },
            methods : {
                add : function() {
                    if(this.counter < 10)
                        this.counter++;
                },
                sub : function() {
                    if(this.counter > -10)
                        this.counter--;
                }
            }
        });
        </script>
    </head>
    <body>
        <div id="my_counter">
```

```
        <!-- <input type="button" value=" - " @click="counter -= 1"> -->
        <input type="button" value=" - " @click="sub">
        <span> {{ counter }} </span>
        <!-- <input type="button" value=" + " @click="counter += 1"> -->
        <input type="button" value=" + " @click="add">
    </div>
  </body>
</html>
```

　　如你所见，我们这一次在 Vue 对象的 methods 成员中分别定义了 add() 和 sub() 这两个事件处理函数，将计数器变量 counter 的取值范围限定在了-10～10。然后只需要使用 v-on 指令将事件处理函数分别绑定在相应按钮元素的 click 事件上即可。另外，当我们想让事件处理函数传递一些调用参数的时候，还可使用 [事件处理代码] 的第三种编写方法：设置**内联处理器**。简言之，就是在 v-on 指令中使用参数调用 Vue 对象的 methods 成员中定义的方法。例如在上面的计数器实现中，我们就可以通过设置调用参数的方法将 add() 和 sub() 这两个事件处理函数合并成一个，像以下这样[1]。

```
<!DOCTYPE html>
<html lang="zh-cn">
  <head>
    <title>计数器示例</title>
    <script type="module">
    import Vue from './node_modules/vue/dist/vue.esm.browser.js';

    new Vue({
        el   : '#my_counter',
        data : {
            counter : 0
        },
        methods : {
            // add : function() {
            //     if(this.counter < 10)
            //         this.counter++;
            // },
            // sub : function() {
            //     if(this.counter > -10)
            //         this.counter--;
            // },
            runCounter : function(value) {
                this.counter += value;
                if(this.counter > 10)
                    this.counter = 10;
                else if(this.counter < -10)
```

---

1 该示例的源码存放于 code/otherTest/ 目录下 counter.htm 文件中。

```
                    this.counter = -10;
                }
            }
        });
        </script>
    </head>
    <body>
        <div id="my_counter">
            <!-- <input type="button" value=" - " @click="counter -= 1"> -->
            <!-- <input type="button" value=" - " @click="sub"> -->
            <input type="button" value=" - " @click="runCounter(-1)">
            <span> {{ counter }} </span>
            <!-- <input type="button" value=" + " @click="counter += 1"> -->
            <!-- <input type="button" value=" + " @click="add"> -->
            <input type="button" value=" + " @click="runCounter(1)">
        </div>
    </body>
</html>
```

除了上述自定义调用参数，我们在某些特定情况下也需要在 Vue.js 框架的事件处理函数中访问 JavaScript 原生的 DOM 事件对象，这时候就需要以特殊变量 $event 为参数来调用事件处理函数，例如像以下这样。

```
<script type="module">
// 在 Vue 对象中...
methods: {
    warn: function (message, event) {
        // 访问原生 DOM 事件对象
        if (event) {
            event.preventDefault();
        }
        alert(message);
    }
}
</script>

<!-- 在 Vue 对象对应的容器标签中 -->
<input type="button" value="提交" @click="warn('默认处理程序被阻止。', $event)">
```

3.3.2　数据输入

下面介绍在用户界面上可执行的第二种操作。在 Vue.js 框架中，我们通常会使用 v-model 指令来接收来自单选按钮、复选框、文本框等不同元素的输入数据。v-model

指令的基本语法与 v-text 指令是相同的，也就是说，我们也需要以“v-model=“[模板变量]””这种标签属性的方式将指令添加到<input>标签中，以便通过[模板变量]将该标签绑定到某个在 Vue 对象中定义的相应数据上。但与 v-text、v-html 这些指令不同的是，v-model 指令执行的是一种双向数据绑定。这意味着：v-model 指令不仅可以将我们在 Vue 对象中对指定数据的修改更新到用户界面中相应的[模板变量]上，也可以将该[模板变量]从用户界面中获取到的输入数据同步到 Vue 对象中。另外，根据输入设备的不同，我们可以将 v-model 指令从用户界面中获取数据的方式分为两种：第一种方式是用文本框元素来获取用户从键盘输入的数据；第二种方式是用单选按钮、复选框等选择性元素来获取用户用鼠标勾选的信息。下面，我们将通过初步构建一个待办事项应用的用户界面来介绍这两种方式，该示例项目的构建步骤如下。

1. 在 code 目录下创建一个名为 02_toDoList 的目录，并使用 npm init --yes 命令来完成示例项目的初始化。

2. 在 02_toDoList 目录下执行 npm install vue --save 命令，将 Vue.js 框架下载到示例项目中。

3. 在 02_toDoList 目录下创建一个名为 index.htm 的文件，并在其中编写如下代码。

```html
<!DOCTYPE html>
<html lang="zh-cn">
    <head>
        <meta charset="UTF-8">
        <script type="module" src="scripts/main.js"></script>
        <title>待办事项</title>
    </head>
    <body>
        <div id="app">
            <h1>待办事项</h1>
            <div id="todo">
                <ul>
                    <li v-for="( task,index ) in taskList">
                        <input type="checkbox"
                               v-model="doneList" :value="task">
                        <label :for="task">{{ task }}</label>
                        <input type="button" value="删除"
                               @click="remove(index)">
                    </li>
                </ul>
            </div>
            <div id="done" v-if="doneList.length > 0">
                <h2>已完成事项</h2>
                <ul>
                    <li v-for="task in doneList">
                        <label :for="task">{{ task }}</label>
```

```
                    </li>
                </ul>
            </div>
            <input type="text" v-model="newTask" @keyup.enter="addNew">
            <input type="button" value="添加新任务" @click="addNew">
        </div>
    </body>
</html>
```

4. 在 02_toDoList 目录下创建一个名为 scripts 的目录，该目录将专用于存放 JavaScript 脚本文件。

5. 在 02_toDoList/scripts 目录下创建一个名为 main.js 的脚本文件，并在其中编写如下代码。

```javascript
// 加载开发环境版本，该版本包含有帮助的命令行警告
import Vue from '../node_modules/vue/dist/vue.esm.browser.js';
// 或者
// 加载生产环境版本，该版本优化了文件大小和载入速度
// import Vue from '../node_modules/vue/dist/vue.esm.browser.min.js';

const app = new Vue({
    el: '#app',
    data:{
        newTask: '',
        taskList: [],
        doneList: []
    },
    methods:{
        addNew: function() {
            if(this.newTask !== '') {
                this.taskList.push(this.newTask);
                this.newTask = '';
            }
        },
        remove: function(index) {
            if(index >=  0) {
                this.taskList.splice(index,1);
            }
        }
    }
});
```

　　下面来具体解析这个用户界面的构建过程。首先，我们使用 v-model 指令获取输入数据的第一种方式，将<input type="text">标签绑定到一个名为 newTask 的模板变量上。正如之前所说，v-model 指令执行的是一种双向的数据绑定，这意味着，不仅我们在 Vue 对象中为模板变量 newTask 定义的关联数据可以显示在<input type="text">标签所定义的文本框中，也可以让该文本框元素获取到的用户输入数据

同步到 Vue 对象的 data 成员中。在 Vue 对象获取到文本框中的用户输入数据之后，我们接着定义一个名为 addNew() 的事件处理函数，该函数会负责将模板变量 newTask 获取到的数据加入一个名为 taskList 的数组对象中，然后通过 v-on 指令将该事件处理函数注册给「Enter」键被按下和 click 事件。

　　接下来就可以使用 v-model 指令获取输入数据的第二种方式：我们在<div id="todo">标签中使用 v-for 指令对 taskList 数组对象进行遍历，循环渲染出一组<input type="checkbox">标签，它们都通过 v-model 指令将自己双向绑定到另一个名为 doneList 的数组对象上。在 Vue.js 框架中，同一组的复选框元素需要被 v-model 指令绑定到一个与数组对象相关联的模板变量上，当这些复选框元素被鼠标勾选（或取消勾选）时，它们各自的 value 属性值就会被自动添加到这个被绑定的数组对象中（或从中被删除）。当然，如果我们在这里使用的是一组单选按钮元素，那么将它们绑定到一个普通的模板变量上就可以了，当其中某个单选按钮元素被鼠标选中时，它的 value 属性值会自动更新到与该模板变量相关联的数据中。

　　最后，为了证明被选中的复选框被加入 doneList 数组对象中，我们还利用 v-if 指令对<div id="done">标签本身进行了条件渲染。也就是说，当 doneList 数组对象中存在数据时将其渲染在用户界面中，并使用 v-for 指令对 doneList 数组对象进行循环渲染。反之，如果 doneList 数组对象中不存在数据，则<div id="done">标签将不会被渲染。下面来看一下 02_toDoList 示例项目运行的效果，如图 3-4 所示。

图 3-4　02_toDoList 示例项目的运行效果

3.4　动态 CSS 样式

　　为了更方便地操控用户界面的外观样式，Vue.js 框架对 v-bind 指令的语法做了一些针对性的增强。它允许在该指令为 class 和 style 这两个属性绑定模板变量时，模板变量中的数据除了可以是普通字符串，也可以是数组对象或 JSON 格式的对象，这将有利于我们在 Vue 对象中对用户界面元素的 CSS 样式进行更灵活的控制。例如在下面这段示例代码中 [1]，对于 one、two、three 这 3 个 CSS 类，我们可以这样将它们添加到<div>标签的 class 属性上。

```html
<!DOCTYPE html>
<html lang="zh-cn">
    <head>
        <title>动态 CSS 示例</title>
        <style type="text/css">
        .one {
            padding : 5px;
            font-weight : bold;
            font-size : larger;
        }

        .two {
            background-color : black;
            color : aliceblue;
        }

        .three {
            width : 300px;
            height : 150px;
            border : 1px;
        }
        </style>
        <script type="module">
        import Vue from './node_modules/vue/dist/vue.esm.browser.js';

        new Vue({
            el   : '#dynamic_css',
            data : {
                cssClasses : []
            },
            methods : {
                addStyle : function(styleClass) {
                    if(!this.cssClasses.includes(styleClass))
                        this.cssClasses.push(styleClass);
                }
            }
        });
```

---

1 该示例的源码存放于 code/otherTest/目录下 dynamicCSS.htm 文件中。

```
        </script>
    </head>
    <body>
        <div id="dynamic_css">
            <div :class="cssClasses">示例文本</div>
            <input type="button" value="设置字体" @click="addStyle('one')">
            <input type="button" value="设置颜色" @click="addStyle('two')">
            <input type="button" value="设置大小" @click="addStyle('three')">
        </div>
    </body>
</html>
```

很显然,这种用数组操作来设置 class 属性的方式要比在 JavaScript 代码中进行字符串拼接的传统做法简单多了。除此之外,如果读者连数组操作也嫌麻烦,我们也可以将上面的模板变量 cssClasses 中的数据定义成下面这样的 JSON 格式对象。

```
{
    one : false,
    two : false,
    three : false
}
```

这样一来,当且仅当该数据对象中与样式类名对应的属性值为 true 时,该样式类才会被添加到 class 属性中。当然,为了让该对象产生与上述测试代码相同的效果,我们还需要将事件处理函数 addStyle() 的实现修改如下。

```
function(styleClass) {
    switch (styleClass) {
        case 'one':
            this.cssClasses.one = true;
            break;
        case 'two':
            this.cssClasses.two = true;
            break;
        case 'three':
            this.cssClasses.three = true;
            break;
        default:
            break;
    }
}
```

同样地,在 02_toDoList 示例项目中,如果我们希望各个<li>标签所对应的列表项在被勾选时呈现出删除线的样式,可以继续在 code/02_toDoList 目录下执行以下步骤。

1. 在 02_toDoList 目录下创建一个名为 styles 的目录，该目录将专用于存放 CSS 样式文件。

2. 在 02_toDoList/styles 目录下创建一个名为 main.css 的样式文件，并在其中编写如下代码。

```css
body {
    background: black;
    color: floralwhite;
}

#app form input[type='text'] {
    width: 60%;
    font-size: 1.4rem;
}

#app form input[type='submit'] {
    width: 20%;
    font-size: 1.4rem;
    background-color: floralwhite;
    border-radius: 1rem;
}

#todolist {
    margin: 0.5rem 0rem;
    padding: 0.5rem;
    width: 80%;
    border-radius: 1rem;
    color: black;
    background: floralwhite;
}

#todolist ul {
    list-style-type: none;
    margin: 1rem;
    padding: 0rem;
}

#todolist ul div {
    margin: 0rem;
    padding: 0rem;
    width: 90%;
    height: 1.5rem;
}

#todolist ul li input[type='button'] {
    float: right;
    width: 10%;
    background: black;
```

```
        color: floralwhite;
        border-radius: 1rem;
    }

    .deleteItem {
        text-decoration: line-through;
    }
```

3. 回到 02_toDoList 目录下，将 index.htm 模板文件中的代码修改如下。

```html
<!DOCTYPE html>
<html lang="zh-cn">
    <head>
        <meta charset="UTF-8">
        <link rel="stylesheet" type="text/css" href="styles/main.css" />
        <script type="module" src="scripts/main.js"></script>
        <title>待办事项</title>
    </head>
    <body>
        <div id="app">
            <h1>待办事项应用示例</h1>
            <form @submit.prevent="addNew">
                <input type="text" v-model="newTask" @keyup.enter="addNew">
                <input type="submit" value="添加新任务">
            </form>
            <div id="todolist" v-show="taskList.length > 0">
                <h2>待办事项：</h2>
                <ul>
                    <li v-for="( task,index ) in taskList">
                    <div>
                        <input type="checkbox"
                                v-model="doneList" :value="task">
                        <label
                          :class="{ deleteItem : doneList.includes(task) }"
                          :for="task">{{ task }}</label>
                        <input type="button" value="删除"
                                @click="remove(index)">
                    </div>
                    </li>
                </ul>
            </div>
        </div>
    </body>
</html>
```

如你所见，我们在 main.css 文件中除了针对特定元素的样式进行定义，还定义了一个可为文本添加删除线样式的 CSS 类 deleteItem。然后在 index.htm 模板文件中，我们使用 v-bind 指令将{deleteItem：doneList.includes(task)}这个对象绑定到<label>标签的 class 属性上。这样一来，只要当前<label>标签的 task 数据存在于 doneList 数组对象中，该标签中的文字就会被添加 CSS 类 deleteItem 定义的样式，其效果如图 3-5 所示。

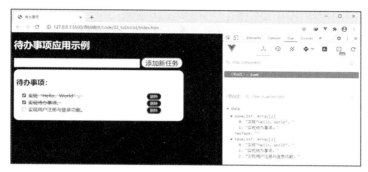

图 3-5　添加删除线样式的效果

当然，需要强调的是，我们到目前为止只是初步构建了这个待办事项应用的用户界面。很显然，这个待办事项应用还缺少一些必要的功能。例如，它目前还无法在客户端保存用户输入的数据，一旦用户在客户端中因某种原因而重新载入用户界面，该应用中的所有数据都会回到初始状态。要解决这一类问题，我们就必须要在实现 Vue 对象时为其建立更丰富、更实用的功能。因此，我们将会在第 4 章中继续演示如何进一步完善这个示例项目。

3.5　本章小结

在本章中，我们通过 01_hello_vuejs、02_toDoList 这两个简单的示例项目为读者详细介绍了 Vue.js 框架的模板指令，并示范了如何使用这些指令来构建用户界面。其中包括：如何使用 v-text、v-html、v-bind 这 3 个指令实现单向数据绑定，将在 Vue 对象中的数据渲染在用户界面中；如何根据特定数据使用 v-show、v-if、v-else-if、v-else、v-for 指令对用户界面中的各种元素进行动态渲染；如何使用 v-on 指令建立用户界面对相关事件的响应能力；如何使用 v-model 指令实现数据的双向数据绑定，以便接收并处理来自<input>标签的输入数据。在掌握了这些知识之后，读者应该就可以完成一些基本的用户界面构建工作了。接下来，我们的工作重点就该转向与用户界面相关联的 Vue 对象，去思考一个真正的前端应用该如何实现了。

第 4 章　实现 Vue 对象

在第 3 章中，我们详细介绍了如何利用 Vue.js 框架的模板指令来进行用户界面的构建工作。在该工作过程中，开发者需要在用户界面的模板文件中声明一系列的模板变量并注册一组事件处理函数。模板变量中的数据主要用于决定用户界面中要显示的内容信息及其布局方式，而事件处理函数则主要用于定义用户界面的各种交互能力。在本章中，我们将继续为读者详细介绍 Vue 对象的定义方式，其内容包括如何在该对象中定义模板变量的关联数据并监控这些数据的变化、如何实现事件处理函数和生命周期函数等。总而言之，在学习完本章内容之后，希望读者能够：

- 掌握如何将 Vue 对象挂载到指定的 HTML 标签上；
- 使用不同的方式为用户界面中的模板变量定义数据；
- 在应用程序运行过程中监控 Vue 对象中的数据变化；
- 根据 Vue 对象的生命周期来定义相应的处理函数。

4.1　挂载 Vue 对象

正如我们在第 2 章中所说的，Vue 对象在被创建之后通常需要将其挂载到一个指定的 HTML 容器标签上，以建立该对象与 HTML 标签的关联，并将后者映射到 Vue.js 框架负责维护的虚拟 DOM 上。然后，由后者来编译模板文件，并完成用户界面的渲染工作。在这里，我们所说的"容器标签"主要指的是<div>、<header>、<footer>、<nav>、<section>、<article>这一类可用于界面布局的 HTML 标签。而之前在 HTML 文档中使用的那些模板变量及其相关语法也只有在被挂载到 Vue 对象的标签上时才能发挥作用。通常情况下，Vue 对象的挂载动作可以通过在调用构造函数时直接设置其 el 成员的方式来实现，我们在之前的示例中一直是这样做的。但除此之外，读者也可以选择先将 Vue 对象创建好，然后通过调用该对象的内部方法$mount()来将它挂载到指定的容器标签上，具体做法如下[1]。

```
<!DOCTYPE html>
<html lang="zh-cn">
    <head>
        <title>Vue 对象挂载演示</title>
        <script type="module">
        import Vue from './node_modules/vue/dist/vue.esm.browser.js';

        // 先创建 Vue 对象
        const hero = new Vue({
            data : {
                names : ['superman','batman']
            },
        });

        // 将 Vue 对象挂载到 id 值为 hero 的容器标签上
        hero.$mount('#hero');
        </script>
    </head>
    <body>
        <div id="hero">
            <h1>英雄名单</h1>
            <ul>
                <li v-for="name in names"> {{ name }} </li>
            </ul>
        </div>
    </body>
</html>
```

　　在调用$mount()方法时，我们同样提供一个 CSS 选择器格式的字符串参数即可。这里需要说明的是，在 Vue.js 框架中，以$为首字符来命名的方法通常约定俗成地被视为属于框架内部的方法。也就是说，这类方法通常用于对框架本身的功能进行扩展或修改，理论上是不鼓励用户直接调用的。但在笔者个人看来，即使在框架的应用层面，适当地了解如何使用框架的内部方法也是有必要性的。例如在 Vue.js 3.x 发布之后，$mount()方法就被改名为 mount()并正式开放给用户使用了，如果我们一直以来就知道后一种挂载 Vue 对象的方式，如今转换到下面这种新写法就不会有太大的困惑。

```
import { createApp } from '../node_modules/vue/dist/vue.esm-browser.js';

// 先创建 Vue 对象
const hero =   {
```

1 该示例的源码存放于 code/otherTest/目录下 hero.htm 文件中。

```
data: function() {
    return {
        names : ['superman','batman']
    };
}
};
```

```
// 将 Vue 对象挂载到 id 属性值为 hero 的容器标签上
createApp(hero).mount('#hero');
```

　　需要特别说明的是，虽然在大多数项目实践中，我们在同一 HTML 文件中通常只会挂载单一的 Vue 对象，但从理论上来说，如果某一 HTML 文件描述的用户界面中存在多个面向不同应用的容器标签，程序员也可以考虑在同一 HTML 文件的不同容器标签上分别挂载不同的 Vue 对象。例如，我们可以在上述示例中再添加一个名为 antiHero 的 Vue 对象，并将其挂载到另一个 id 属性值为 antiHero 的容器标签上。

```
<!DOCTYPE html>
<html lang="zh-cn">
    <head>
        <title>Vue 对象挂载演示</title>
        <script type="module">
        import Vue from './node_modules/vue/dist/vue.esm.browser.js';

        const hero = new Vue({
            data : {
                names : ['superman','batman']
            }
        });

        const antiHero = new Vue({
            data : {
                names : ['owlman','Deadpool']
            }
        });

        hero.$mount('#hero');
        antiHero.$mount('#antiHero');
        </script>
    </head>
    <body>
        <div id="hero">
            <h1>英雄名单</h1>
            <ul>
                <li v-for="name in names"> {{ name }} </li>
```

```
            </ul>
        </div>
        <div id="antiHero">
            <h1>反英雄名单</h1>
            <ul>
                <li v-for="name in names"> {{ name }} </li>
            </ul>
        </div>
    </body>
</html>
```

在上述代码中，`hero` 和 `antiHero` 这两个 Vue 对象分别被挂载到了相应 id 属性值的`<div>`标签上，并且这两个标签各自享有独立的模板变量命名空间。当然，虽然同一模板文件中在理论或实验环境中是可以同时挂载多个 Vue 对象的，但考虑到在实际生产环境中要执行的维护工作，笔者个人并不鼓励大家这样做。至于如何解决模板文件中不同功能模块的划分问题，使用 Vue 框架提供的**组件机制**会是一个更好的选择，我们将会在第 5 章中详细讨论这一解决方案。

4.2 操作关联数据

在将 Vue 对象挂载到指定的容器标签上之后，程序员接下来要做的就是利用虚拟 DOM 来渲染 HTML 模板文件，并为其中的模板变量提供关联数据。如果读者之前有过使用第三方专用模板引擎的经验，就应该了解我们之前在 HTML 文件中使用的那些模板变量本质上只是一种**占位符**。它们在程序运行时实际要呈现的数据需要由后台的模板引擎来提供。例如在使用 art-template 这个专用的模板引擎时，我们通常会像下面这样实现与之前示例代码相同的功能 [1]。

```
<!DOCTYPE html>
<html lang="zh-cn">
    <head>
        <meta charset="UTF-8">
        <title>art-template 演示</title>
        <!--
            在引入 template-web.js 文件之前，
            需使用 npm install art-template --save 命令安装它
        -->
        <script
            src="./node_modules/art-template/lib/template-web.js">
        </script>
    </head>
```

---

[1] 该示例的源码存放于 `code/otherTest/`目录下 `useArtTemplate.htm` 文件中。

```html
<body>
    <div id="Hero"></div>
    <script type="text/html" id="tpl">
        <!-- 在模板代码中使用模板变量及其语法 -->
        <h1>英雄名单</h1>
        <ul>
            {{each names}}
                <li>{{$value}}</li>
            {{/each}}
        </ul>
    </script>
    <script type="text/javascript">
        // 定义 JavaScript 数据对象
        const jsData = ['superman','batman'];
        // 将数据对象关联到同名的模板变量上
        const tpl = template('tpl', {
            names: jsData
        });
        const Hero = document.querySelector('#Hero');
        Hero.innerHTML = tpl;
        // 以下对 jsData 的修改不会反映到用户界面中
        setTimeout(() => {
            jsData.push('the flash');
        }, 1000);
    </script>
</body>
</html>
```

　　如果读者对 art-template 模板引擎并不熟悉，也不必太担心，上述演示只是想说明我们在使用此类通用的模板引擎时会遇到的一些问题。首先，程序员通常需要通过手动调用 template()这样的模板编译方法将在 JavaScript 代码中定义的数据对象关联到 tpl 模板中使用的模板变量上。其次，这种手动建立的数据关联往往是一次性的，如果相关的数据对象在程序运行过程中发生了变化，程序员就需要将其重新关联到相应的模板变量上，否则这些修改是不会反映到用户界面中的。而在之前使用 Vue.js 实现的示例中，数据对象与模板变量的关联是由框架本身提供的一套**响应式系统**来负责建立的，并且这种关联会贯穿 Vue 对象的整个生命周期。总而言之，程序员按照这套响应式系统既定的规则来定义和操作这些数据即可。下面，让我们来详细介绍这套规则。

4.2.1　data 成员

　　对于可在应用程序的初始化阶段获取有效数据的那些对象，程序员一般会在 Vue 对象的 data 成员中定义它们，我们在之前示例中也一直是这样做的。其具体语法就是在调用 Vue 对象构造函数时，以"[键]:[值]"的形式在其 data 成员中添加数据对象。在这里，[键]应该是 HTML 文档中使用的模板变量名，而[值]则应该是模板变量要关联的数据对象值。另外，我们在 Vue.js 框架中建立的这种关联不是一次性的，这意味着在 Vue 对象的生命周期内，程序员对这些数据对象所做的任何修改，都将即时反映到其所关联的模板变量上。下面，我们可以通过修改之前的 hero 对象来进行验证。

```
const hero = new Vue({
    data : {
        names : ['superman','batman']
    },
    created : function() {
        // 用户界面载入 1s 之后 "the flash" 会出现在名单中
        const jsData = this.names;
        setTimeout(() => {
            jsData.push('the flash'
);
        }, 1000);
    }
});
```

在上述代码中，Vue 对象中新增的 created 成员是一个与该对象生命周期相关的钩子函数。我们将会在 4.3 节中具体讨论 Vue 对象的生命周期，现在读者只需要了解这个成员定义的是一个在 Vue 对象加载完成之后执行的函数。因此在重新加载上述代码所在页面 1s 之后，读者就会看到"the flash"这个名字出现在"英雄名单"中。

4.2.2　computed 成员

在具体的项目实践中，程序员通常不会选择将应用程序中的所有数据都存储在 Vue 对象的 data 成员中，因为这样做不仅在设计上毫无必要，而且会造成大量的资源浪费。况且在很多时候，一些数据完全可以通过计算其他对象的值来获取。例如：如果我们想再为之前的"英雄名单"添加一个计数器，这时候就可以选择直接在程序运行时读取 names 对象的 length 属性值，不需要专门在 Vue 对象的 data 成员中添加一个专用的计数器对象。况且，如果选择专门设置这样一个对象，程序员还必须要建立某种机制监控 names 对象中的数据变化，以便对该计数器对象进行维护，这样的设计简直是对人力及物力的双重浪费。对于这些需要在程序运行过程中通过即时计算才能获得有效数据的对象，程序员可以通过设置 Vue 对象的 computed 成员来定义它们。在 Vue.js 框架中，Vue 对象的 computed 成员被称为**计算属性**，这类属性主要具备以下特征。

- 计算属性本质上是一种能返回某种计算结果的函数，该函数的执行通常依赖于存储在 data 成员中的数据对象。

● 当且仅当参与函数调用的相关数据对象发生变化时，计算属性才会重新执行函数，以便完成计算结果的更新。

● 框架的运行机制会对计算属性返回的结果进行缓存，因此只要相关数据对象没有发生变化，它就不会被重新计算。

　　添加计算属性的默认语法与在 data 成员中添加数据对象大致相同，就是在调用 Vue 对象构造函数时，以"[键]:[值]"的形式在其 computed 成员中添加用于在运行时获取数据的函数对象。在这里，[键]依然应该是 HTML 文档中使用的模板变量名，而[值]则应该是一个可在该模板变量被求值时调用的函数。下面来具体演示在之前的示例中添加计数器的方法。

```html
<!DOCTYPE html>
<html lang="zh-cn">
    <head>
        <title>Hero</title>
        <script type="module">
        import Vue from './node_modules/vue/dist/vue.esm.browser.js';

        const hero = new Vue({
            data : {
                names : ['superman','batman']
            },
            computed : {
                counter : function() {
                    return this.names.length;
                }
            },
            created : function() {
                // 用户界面载入 1s 之后"the flash"会出现在名单中
                const jsData = this.names;
                setTimeout(() => {
                    jsData.push('the flash');
                }, 1000);
            }
        });

        const antiHero = new Vue({
            data : {
                names : ['owlman','Deadpool']
            },
            computed : {
                counter : function() {
                    return this.names.length;
                }
```

```
            }
        });

        hero.$mount('#hero');
        antiHero.$mount('#antiHero');
        </script>
    </head>
    <body>
        <div id="hero">
            <h1>英雄名单（{{ counter }}）</h1>
            <ul>
                <li v-for="name in names"> {{ name }} </li>
            </ul>
        </div>
        <div id="antiHero">
            <h1>反英雄名单（{{ counter }}）</h1>
            <ul>
                <li v-for="name in names"> {{ name }} </li>
            </ul>
        </div>
    </body>
</html>
```

　　在运行上述代码之后，读者将会看到随着新成员被加入"英雄名单"列表中，其计数器也会随即做出相应的改变，而我们并没有专门为这个计数器编写任何代码，这就是 Vue 对象的计算属性的运用。当然，读者或许会有一个疑问：直接在 HTML 文档中使用 {{names.length}} 来实现计数器功能岂不是更简单？就上面这种简单的演示来说，或许的确如此，但使用计算属性不仅可以让我们在 HTML 文档中使用 counter 这种更具可读性的模板变量，而且可以将其修改成涉及更多计算变量的实现，因此，在具体项目实践中，使用计算属性通常是更"一劳永逸"的选择。

　　除了默认语法，计算属性还有一种更复杂的语法。在这种语法作用之下，我们可以在同一个计算属性中设置两个功能不同的函数，其中一个用于获取数据的 getter 函数，而另一个用于修改数据的 setter 函数。例如我们可以像下面这样编写一个 Vue 对象。

```
<!DOCTYPE html>
<html lang="zh-cn">
    <head>
        <meta charset="UTF-8">
        <title>person 示例</title>
        <script type="module">
        import Vue from './node_modules/vue/dist/vue.esm.browser.js';
```

```
const person = new Vue({
    data: {
        firstName: 'Bruce',
        lastName: 'Wayne'
    },
    computed: {
        fullName : {
            // getter
            get : function() {
                return this.firstName + ' ' + this.lastName;
            },
            // setter
            set : function(newValue) {
                const names = newValue.split(' ');
                this.firstName = names[0];
                this.lastName = names[names.length - 1];
            }
        }
    }
});

person.$mount('#person');
</script>
</head>
<body>
    <h1>Person 示例</h1>
    <div id="person">
        <p>{{ fullName }}</p>
        <input type="text" v-model="fullName">
    </div>
</body>
</html>
```

　　然后，如果我们在挂载了该 Vue 对象的 HTML 标签中使用 v-model 指令绑定
fullName 模板变量 [1]，当用户对其进行修改时，上述计算属性的 setter 函数就会
被调用，person.firstName 和 person.lastName 也会相应地被更新，其效果
如图 4-1 所示。事实上，我们之前编写计算属性所用的语法也可以被视为只设置了
getter 函数的简化版本。因此，程序员在必要时还可以为计算属性设置一个
setter 函数，以便用户通过它来修改一些数据。但在绝大多数情况下，我们在业务
中很少需要用到计算属性的 setter 函数。通常在声明一个计算属性时，使用其默
认语法即可。

---

1 该示例的源码存放于 code/otherTest/ 目录下 person.htm 文件中。

图 4-1　计算属性的使用示例

4.2.3　`methods` 成员

关于计算属性，读者或许还存在着另一个疑问：同样是定义函数，我们为什么不选择在之前已经介绍过的 `methods` 成员中定义它们呢？想要回答这个问题，首先要弄清楚 Vue 对象的这两个成员在程序设计作用上的不同。`computed` 成员的作用是将函数的执行结果缓存起来，并根据函数中所涉及的数据是否发生了变化来评估是否需要重新调用函数，以更新缓存中的计算结果。而 `methods` 成员的作用只是单纯地定义可供别处反复调用的函数，以提高代码的可重用性。所以，程序员有时候也会选择在计算属性中调用在 `methods` 成员中已经定义好了的函数。例如，我们可以在上面的示例中添加一个按钮元素，然后让它的 `click` 事件和 `fullName` 计算属性的 `setter` 函数调用的是同一个函数，具体做法如下。

```
<!DOCTYPE html>
<html lang="zh-cn">
    <head>
        <meta charset="UTF-8">
        <title>person 示例</title>
        <script type="module">
        import Vue from './node_modules/vue/dist/vue.esm.browser.js';

        const person = new Vue({
            data: {
                firstName: 'Bruce',
                lastName: 'Wayne'
            },
            computed: {
                fullName : {
                    // getter
```

```
            get : function() {
                return this.firstName + ' ' + this.lastName;
            },
            // setter
            set : function(newValue) {
                this.setFullName(newValue);
            }
        }
    },
    methods : {
        setFullName : function(newValue) {
            const names = newValue.split(' ');
            this.firstName = names[0];
            this.lastName = names[names.length - 1];
        }
    }
});

person.$mount('#person');
</script>
</head>
<body>
    <h1>Person 示例</h1>
    <div id="person">
        <p>{{ fullName }}</p>
        <input type="text" v-model="fullName">
        <input type="button" value="提交"
            @click="setFullName(fullName)">
    </div>
</body>
</html>
```

　　当然，在上述代码中，设置按钮元素并为其注册 click 事件处理函数在设计上显然有些多余。我们在这里只是为了演示在 Vue 对象的 methods 成员中所定义函数的用途，主要是为了让程序员能在程序的其他地方反复调用它们，以提高代码的可重用性。

4.2.4　watch 成员

　　如果我们只想监控程序中的某些数据变化，并做出一些除获取数据之外的更复杂的响应动作，这时候就需要用到另一种比计算属性更通用的、响应数据变化的机制。在 **Vue.js** 框架中，这种机制被称为**侦听属性**。侦听属性是通过 Vue 对象的 watch 成员来设置的，设置它的语法与设置计算属性的基本相同，即以"[键]:[值]"的形式在 watch 成员中添加用于在运行时获取数据的函数对象。但在这里，[键]应该是要被监控的数据，

该数据既可以是 `data` 成员中的对象，也可以是在 `computed` 中设置的计算属性。而 [值] 则应该是一个可在被监控的数据发生变化时调用的函数，该函数应该设有两个参数，第一个参数是被监控数据发生变化之前的值，第二个参数是被监控数据变化之后的值。例如，如果我们在之前的例子中想让程序在 `firstName` 和 `lastName` 这两个数据对象，以及计算属性 `fullName` 发生变化时在控制台中输出不同的信息，就可以将 `person` 对象的定义修改如下。

```
const person = new Vue({
    data: {
        firstName: 'Bruce',
        lastName: 'Wayne'
    },
    computed: {
        fullName : {
            // getter
            get : function() {
                return this.firstName + ' ' + this.lastName;
            },
            // setter
            set : function(newValue) {
                this.setFullName(newValue);
            }
        }
    },
    watch: {
        firstName : function(newValue, oldValue) {
            console.log('firstName 属性发生变化');
            this.showUpdate(newValue, oldValue);
        },
        lastName : function(newValue, oldValue) {
            console.log('lastName 属性发生变化');
            this.showUpdate(newValue, oldValue);
        },
        fullName : function(newValue, oldValue) {
            console.log('fullName 属性发生变化');
            this.showUpdate(newValue, oldValue);
        }
    },
    methods : {
        setFullName : function(newValue) {
            const names = newValue.split(' ');
            this.firstName = names[0];
            this.lastName = names[names.length - 1];
        },
```

```
    showUpdate : function(newValue, oldValue) {
        console.log('数据变化之前：', oldValue);
        console.log('数据变化之后：', newValue);
    }
  }
});
```

如你所见，在侦听属性中我们同样可以调用在 methods 成员中定义的函数，以提高代码的可重用性。接下来，读者只需要打开上述对象所在的 person.htm 页面，并修改文本框中的数据，就会在浏览器的控制台界面中看到 person 对象中的每一个数据成员和计算属性被修改的记录，其效果如图 4-2 所示。

图 4-2 侦听属性的使用示例

需要说明的是，上述代码中所演示的只是侦听属性的最简单模式。在这种模式下，我们在 watch 成员中定义的函数是异步调用的。也就是说，侦听属性在这种模式下对数据变化的响应未必是立即执行的，如果希望响应动作立即执行，我们就需要将侦听属性设置为 immediate 模式。这意味着我们需要用一种更复杂的语法来设置它。例如，如果想将上面 firstName 数据的侦听属性改成 immediate 模式，就需要像下面这样修改它的定义。

```
// 在上面的 person 对象中
watch: {
    firstName : {
        handler : function(newValue, oldValue) {
            console.log('firstName 属性发生变化');
            this.showUpdate(newValue, oldValue);
        },
        immediate : true
```

```
    },
    // 其他侦听属性
}
```

如你所见，在定义 immediate 模式时，侦听属性的[值]变成了一个对象。在这种情况下，程序员需要通过该对象的 handler 属性来定义响应函数，并将其 immediate 属性值设置为 true 以开启该模式。除此之外，当我们需要对对象和数组这类引用类型的数据进行监控时，由于引用类型变量中存储的是对象或数组在内存中的地址，只要地址没有变，侦听属性在默认情况下是无法监控这些数据的变化的。这时候，程序员就需要将侦听属性设置为 deep 模式。例如在 hero.htm 文件中，其实我们可以像下面这样在 hero 对象中为其 names 数组类型的数据设置侦听属性。

```
const hero = new Vue({
    data : {
        names : ['superman','batman']
    },
    computed : {
        counter : function() {
            return this.names.length;
        }
    },
    watch: {
        names : {
            handler : function(newValue, oldValue) {
                console.log('英雄名单发生了变化');
            },
            deep : true
        }
    },
    created : function() {
        // 用户界面载入 1s 之后，"the flash"会出现在名单中
        const jsData = this.names;
        setTimeout(() => {
            jsData.push('the flash');
        }, 1000);
    }
});
```

同样地，在定义 deep 模式时，侦听属性的[值]也变成了一个对象。在这种情况下，程序员需要通过该对象的 handler 属性来定义响应函数，并将其 deep 属性值设置为 true 以开启该模式。接下来，读者只需要打开上述对象所在的 hero.htm 页面，1s 之

后就会在浏览器的控制台界面中看到 names 数组中的数据发生变化时输出的信息，其效果如图 4-3 所示。

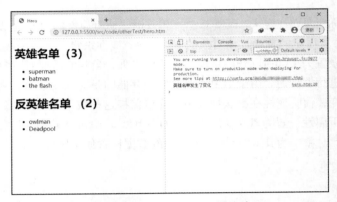

图 4-3　侦听属性的 deep 模式效果

4.3　处理生命周期

在现实世界中，几乎每个个体都有自己的生命周期。一般地，非生物会经历从出现、成型再到风化、毁灭的过程，生物也会经历从出生、成长再到衰老、死亡的过程。无论这些个体的生命周期长短如何，它们在不同的阶段都有着不同的属性或行为。而作为对现实世界的仿真，"计算机世界"中的每个对象也同样是有自己的生命周期的。因此，在使用 Vue 对象实现应用程序的过程中，我们也可以利用其生命周期中的不同阶段来做出各种处理。根据 Vue.js 框架的官方文档，Vue 对象的生命周期如图 4-4 所示 [1]。

对于图 4-4 所示的 Vue 对象的各个生命周期阶段，Vue.js 框架都提供了对应的生命周期钩子函数。在这里，钩子函数指的是一种在特定时间点上会被程序自动调用的函数，程序员可以通过为这些钩子函数提供具体的实现来设置要在相应生命周期阶段执行的任务。下面就让我们来具体介绍这些钩子函数被调用的时间及其具体作用。

- **beforeCreate()**：该函数会在 Vue 对象的构造函数被调用之后，但还尚未完成对象构造任务之前被调用。在这个时间点上，Vue 对象中的各个成员，包括 el 和 data 都尚未完成初始化任务，因此自然无法访问 methods、data、computed 等成员中定义的方法和数据。程序员在该生命周期阶段只能进行一些对象初始化之前的准备工作，例如向服务端发送请求，以便获得可用于初始化 Vue 对象的数据。

1　该图来自 Vue.js 框架 2.x 版本的官方文档。

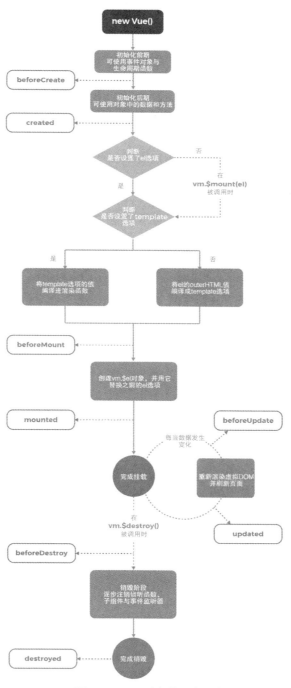

图 4-4　Vue 对象的生命周期

- **created()**：该函数会在 Vue 对象被创建之后，但还尚未完成挂载动作之前被调用。在这个时间点上，由于 Vue 对象中的各个成员都已经完成了初始化任务，所以程序员在该函数中可以调用 methods 成员中的方法，并改变 data 成员中定义的数据。但由于 Vue 对象在这一生命周期阶段中还未完成挂载动作，基于虚拟 DOM 构建的响应式系统还不能发挥作用，因此这一阶段执行的操作通常无法即时反映到用户界面中。在具体的项目实践中，程序员通常会选择在这一生命周期阶段中执行一些预处理任务，例如在之前的示例中，我们就在这一阶段预设了一个在用户界面载入 1s 之后要执行的操作。除此之外，程序员也经常会选择在该钩子函数中执行一些 AJAX 请求任务。
- **beforeMount()**：该函数会在 Vue 对象开始执行挂载动作之后，但还尚未完成虚拟 DOM 构建之前被调用。在这个时间点上，Vue 对象已经完成了模板文件的编译，并生成了即将要呈现在用户界面中的 HTML 代码。在必要的情况下，程序员可以选择在这一生命周期阶段对模板编译的结果进行干预。当然，由于在具体的项目实践中这样的必要情况并不常见，所以我们需要用到该钩子函数的机会并不多。
- **mounted()**：该函数会在 Vue 对象完成挂载动作之后被调用。在这个时间点上，由于虚拟 DOM 已经完成了构建，所以 Vue.js 框架的响应式系统已经可以发挥作用，这意味着 Vue 对象中的数据及其变化都会即时反映到用户界面中。在具体的项目实践中，程序员通常会利用这个钩子函数执行一些 AJAX 操作。
- **beforeUpdate()**：该函数会在 Vue 对象检测到数据变化之后，但还尚未对变化后的数据进行处理之前被调用。在这个时间点上，Vue 对象会重新生成要呈现到用户界面中的 HTML 代码，在必要的情况下，程序员可以选择在这一生命周期阶段对重新生成的 HTML 代码进行干预。当然，和 beforeMount() 函数一样，这种必要情况在具体的项目实践中并不常见，所以我们需要用到该钩子函数的机会也并不多。
- **updated()**：该函数会在 Vue 对象将其检测到的数据变化更新到用户界面之后被调用。在该钩子函数的实现中，程序员应该要避免再次更新 Vue 对象中的数据，因为这有可能导致数据更新动作的无限循环，造成用户界面的崩溃。
- **beforeDestroy()**：该函数会在 Vue 对象启动销毁任务之后，但还尚未完成对象的销毁之前被调用。在这个时间点上，由于 Vue 对象本身依然是可用的，所以我们依然可以通过 this 引用其各成员中的数据和方法。在具体的项目实践中，程序员通常会选择在这一生命周期阶段中执行一些对象销毁之前的准备工作，例如将一些需要保存的数据存储在客户端，或将其发送给服务端等。
- **destroyed()**：该函数会在 Vue 对象被完全销毁之后被调用。在该钩子函数的实现中，Vue 对象中的所有数据和方法已经不可再被访问，程序员通常只能执行一些最后的善后工作。

　　在具体的项目实践中，程序员很少需要用到上述所有的生命周期钩子函数，对这些函数的使用需要根据项目的具体需求而定。例如在第 3 章构建的 02_toDoList 项目中，我们留下了一个亟待解决的问题，那就是一旦用户在客户端中因某种原因而重新载入用户界面，该应用中的所有数据都会回到初始状态。要想解决这个问题，我们就得选择一个恰当的时机将数据存储到客户端，并且在重新加载用户界面时将存储在客户端中的数据重新加载到 Vue 对象中。虽然在实际开发中，有许多解决方案都可以用来实现这一功能，但在这里，我们可示范如何利用 Vue 对象的生命周期钩子函数来解决这一问题。为此，我们需要在 02_toDoList/scripts 目录下对 main.js 文件中的 Vue 对象定义做出如下修改。

```javascript
// 加载开发环境版本，该版本包含有帮助的命令行警告
import Vue from '../node_modules/vue/dist/vue.esm.browser.js';
// 或者
// 加载生产环境版本，该版本优化了文件大小和载入速度
// import Vue from '../node_modules/vue/dist/vue.esm.browser.min.js';

const app = new Vue({
    el: '#app',
    data:{
        newTask: '',
        taskList: [],
        doneList: []
    },
    methods:{
        addNew: function() {
            if(this.newTask !== '') {
                this.taskList.push(this.newTask);
                    this.newTask = '';
            }
        },
        remove: function(index) {
            if(index >=  0) {
                this.taskList.splice(index,1);
            }
        }
    },
    created : function() {
        if(sessionStorage.getItem('names') !== null) {
            const taskData = sessionStorage.getItem('names');
            this.taskList = JSON.parse(taskData);
            if(sessionStorage.getItem('done') !== null) {
                const doneData = sessionStorage.getItem('done');
                this.doneList = JSON.parse(doneData);
            }
```

```
        }
    },
    updated : function() {
        if(this.taskList !== []) {
            const taskData = JSON.stringify(this.taskList);
            sessionStorage.setItem('names', taskData);
            if(this.doneList !== []) {
                const doneData = JSON.stringify(this.doneList);
                sessionStorage.setItem('done', doneData);
            }
        }
    }
});
```

在上述代码中，首先，我们通过定义 created()钩子函数，令 Vue 对象在用户界面重新加载时将之前存储在客户端的数据恢复到程序中。然后我们定义了 updated()钩子函数，使其在 Vue 对象检测到自身数据发生变化时将 taskList 和 doneList 这两个数组中的数据以 JSON 字符串的格式同步存储到了一个名为 sessionStorage 的对象中，后者是 HTML5 定义的可用于实现客户端存储的全局对象。这样一来，用户就不用担心自己的操作结果会因用户界面的重新加载而丢失了。当然，如果想一劳永逸地解决这个问题，我们还应该同步实现客户端与服务端之间的数据交互，这部分功能的实现将会在后续章节中根据项目的进展为读者一一演示。

4.4　本章小结

在本章中，我们详细介绍了 Vue 对象的定义方式。Vue.js 框架的独到之处就是引入了虚拟 DOM，它可以借助实现 Vue 对象的挂载动作在用 JavaScript 创建的对象与用 HTML 描述的用户界面之间建立起一套响应式系统。这套响应式系统负责监控 Vue 对象中发生的数据变化，并即时将变化后的数据更新到用户界面上。而程序员所要做的就是按照这套响应式系统既定的规则来定义 Vue 对象。这些规则主要如下。

- 在 Vue 对象的 data 成员中定义那些可在程序初始化阶段直接获取有效数据，且有必要存储在内存中的数据对象。
- 在 Vue 对象的 computed 成员中定义那些可在程序运行过程中通过即时计算能获得，且无须专门存储的计算属性。
- 在 Vue 对象的 watch 成员中定义那些可监控对象中发生的数据变化，并做出响应动作的函数。
- 在 Vue 对象的 methods 成员中定义那些可在程序中任何地方多次调用的函数。
- 根据 Vue 对象生命周期的钩子函数来定义需要在特定生命周期阶段执行的任务。

第 5 章   使用 Vue 组件

到目前为止，我们为读者演示的都是一些极为简单的单页面应用的构建，并且这些应用的用户界面上通常只有几个功能单一的界面元素。但在实际生产环境中，应用程序的用户界面往往由多个页面组成，并且每个页面都会反复用到一系列由 HTML 标准标签组合而成的、功能更为复杂的界面元素，例如导航栏、公告栏、数据表格、用户注册表单、用户登录界面等。在这种情况下，程序员的用户界面设计工作就不太可能每次都从 HTML 的标准标签开始做起，这显然是会严重影响工作效率的。所以，是时候考虑使用编程方法论中的封装思想来提高界面元素设计的可重用性了。为了解决用户界面设计的可重用性问题，Vue.js 框架为用户提供了一套组件机制。这套组件机制的核心思路是：先将常用的、具有独立功能的用户界面设计封装成可重复使用的组件，然后让程序员在之后的工作中像玩乐高积木一样，根据实际需求来使用这些组件，以搭建出具体应用的用户界面。总而言之，在学习完本章内容之后，希望读者能够：

- 掌握将全局组件与局部组件注册到 Vue 对象中的方法；
- 利用 Vue.js 框架中提供的组件机制来实现自定义组件；
- 使用 Vue.js 框架的专用文件格式编写组件并将其编译；
- 使用现有的内置组件库或第三方组件库并实现特定的功能。

5.1 Vue 组件基础

我们之前在进行用户界面设计时用的界面元素都是 HTML5 定义的标准标签，而标准标签所定义的都是类似标题、列表、文本框、按钮这样的细粒度较低的界面元素。长期使用这种细粒度较低的标签来设计用户界面会带来一个问题：在设计一些功能较复杂

的用户界面时，代码的重复率会相当高。例如在之前编写的 hero.htm 这个示例中，
id 属性值分别为 hero 和 antiHero 的这两个<div>标签除了绑定的数据对象不同，
它们在用户界面设计上使用的标签是完全一致的，并且功能也基本相同。在这种情况下，
程序员完全可以利用 Vue.js 框架提供的组件机制将它们封装成一个独立的"人物列表"
组件，后者会同步创建一个细粒度更高的、可让他们在用户界面设计工作中反复使用的
自定义标签，这样就可以大大提高用户界面设计的可重用性，从而提升编程工作的效率。
所以从某种程度上来说，灵活使用组件是我们在使用 Vue.js 框架时必须掌握的一个重要
技能。接下来，我们会通过一系列实验性的项目介绍 Vue.js 组件机制的基本使用方法，
以便让读者对组件的构建步骤有一个初步的认知。当然，由于这些实验代码除用来介绍
Vue.js 框架提供的组件机制之外没有其他实际功能，所以我会一律将它们存储在
code/otherTest 这个目录中，此后不再做特别说明。

5.1.1　创建 Vue 组件

下面，让我们开始第一个实验吧！首先要做的就是在 otherTest 目录下创建一个
名为 helloComponent.htm 的文件，然后在其中输入如下代码。

```
<!DOCTYPE html>
<html lang="zh-cn">
    <head>
        <meta charset="UTF-8">
        <title>Vue 组件实验（1）：构建组件</title>
        <script type="module">
        import Vue from './node_modules/vue/dist/vue.esm.browser.js';

        // 全局组件注册
        Vue.component('say-hello', {
            template: `<h1>你好，{{ you }}！</h1>`,
            props: ['who'],
            data: function() {
                return {
                    you: this.who
                };
            }
        });

        const app = new Vue({
            el: '#app',
            // 局部组件注册
            components: {
                'welcome-you': {
```

```
                template: `<h2>欢迎你, {{ you }}!</h2>`,
                props: ['who'],
                data: function() {
                    return {
                        you: this.who
                    };
                }
            }
        },
        data: {
            who: 'vue'
        }
    });
    </script>
</head>
<body>
    <div id="app">
        <say-hello :who="who"></say-hello>
        <welcome-you :who="who"></welcome-you>
    </div>
</body>
</html>
```

在上述代码中，读者可以看到我们用两种不同的方式分别创建了 say-hello 和 welcome-you 两个组件。在这里，我们先讨论这两个组件的注册方式。如你所见，say-hello 组件是通过调用 Vue.component() 方法来创建并注册到 Vue 对象中的，通过这种方式注册的组件通常被称为**全局组件**，程序员在调用 Vue.component() 方法的时候需要提供两个参数。

- 第一个参数应该是一个用于指定组件的字符串，考虑到该字符串同时也是稍后要在用户界面设计工作中使用的自定义标签的名称，所以我们通常会赋予它一个既能做到简单易记，又能很好地描述组件功能的名称。另外，由于 HTML 标签在大小写方面是不敏感的，所以我个人建议读者在给组件起名字的时候应该尽量使用小写字母，而不使用常用的"驼峰"命名法，单词之间可以使用"-"这样分隔符进行分隔。

- 第二个参数应该是被注册的组件对象本身。在上述代码中，我们用 JavaScript 对象直接量的形式创建了这个组件。和创建 Vue 对象一样，程序员在创建组件对象时也需要为其设置一系列对象成员。在这里，我们设置了 3 项基本的对象成员。
    - **template** 成员：该成员的值是一个字符串类型的值，其内容通常是一段 HTML 代码，用于定义该组件的用户界面模板。需要注意的是，这段代码所对应的 DOM 对象必须有且只有一个根节点。而这个对象在最终的 HTML

文档中将会由该组件所对应自定义标签所代表，在这里就是<say-hello>。

- **props 成员**：该成员的值是一个字符串数组，该数组中的每个元素都是该组件所对应的自定义标签的一个属性，该组件的用户可以通过 v-bind 指令将该属性绑定到某一数据上，以便将数据传到组件内部。例如在这里，我在<say-hello>标签中就用 v-bind 指令将该标签的 who 属性绑定到了 Vue 实例对象的 who 数据上，并将其传进了 say-hello 组件中。

- **data 成员**：该成员的值是一个函数类型的值，用于设置组件自身的数据，例如这里的 you，我将从调用者那里获取的 who 数据赋值给了它。对于后者，我们可以用 this 引用来获取。

　　当然，在具体的项目实践中，程序员需要设置的组件对象成员远不止以上 3 项，通常还需要设置组件的计算属性、自定义事件及其处理函数等，关于这些成员的设置我们将会在后续的实验中一一演示。现在，让我们继续来讨论 welcome-you 组件的注册方式。

　　如你所见，welcome-you 组件是通过在 Vue 对象中设置 components 成员的方式来完成注册的，通过这种方式注册的组件通常被称为**局部组件**。局部组件与全局组件之间的主要区别是：全局组件会在程序运行时全部加载，而局部组件只会在被实际用到时加载。Vue 对象的 components 成员的值是一个 JSON 格式的数据对象，该数据对象中的每一个成员都是一个局部组件，这些组件采用键值对的方式来定义，键对应的是组件的名称（同时也是相应自定义标签的名称），值对应的则是被注册的组件对象本身。当然，由于局部组件的命名规则与组件对象的创建方法都与全局组件的一致，这里就不重复说明了。

　　读到这里，细心的读者可能已经发现了一个问题，那就是我们在上述实验中将 Vue 对象与组件的构建代码糅合在了一起，就实现**利用组件机制来提高用户界面设计的可重用性**这个目的来说，这样做显然是"南辕北辙"的，所以我们的任务实际上并没有完成。为了解决这个问题，程序员通常需要利用 ES6 标准新增的模块规则将 Vue 对象与组件的构建动作从代码层面上隔离开来，将其分别存储为不同的源文件。下面，我们就通过第二个实验来演示这个解决方案。该实验步骤如下。

1. 首先在 code/otherTest 目录中创建一个名为 component_esm 的目录，并在该目录下执行 npm init -y 命令将其初始化成一个可使用 NPM 工具来管理的实验项目。

2. 接着在 component_esm 目录下执行 npm install --save vue 命令来安装 Vue.js 框架，并在该目录下创建一个名为 index.htm 的文件，然后在其中输入如下代码。

```
<!DOCTYPE html>
<html lang="zh-cn">
    <head>
        <meta charset="UTF-8">
        <script type="module" src="./main.js"></script>
```

```
        <title>Vue 组件实验（2）：以 ES6 模块的方式构建组件</title>
    </head>
    <body>
        <div id="app">
            <say-hello :who="who"></say-hello>
        </div>
    </body>
</html>
```

在上述 HTML 代码中，我们使用<script>标签的模块方式引入了main.js 脚本文件，然后在<div id="app">标签中使用了后面将要定义的自定义组件标签<say-hello>。

3. 继续在 component_esm 目录下创建一个名为 main.js 的脚本文件，并在其中创建 Vue 对象，具体代码如下。

```
// 加载开发环境版本，该版本包含有帮助的命令行警告
import Vue from '../node_modules/vue/dist/vue.esm.browser.js';
// 或者
// 加载生产环境版本，该版本优化了文件大小和载入速度
// import Vue from '../node_modules/vue/dist/vue.esm.browser.min.js';
import sayHello from './sayHello.js';

const app = new Vue({
    el: '#app',
    components: {
        'say-hello': sayHello
    },
    data: {
        who:'vue'
    }
});
```

在上述 JavaScript 代码中，我首先使用 ES6 标准新增的 import-from 语句分别导入了 Vue 框架文件，以及后续要在 sayHello.js 文件中构建的 sayHello 对象，然后在构建 Vue 对象时通过设置其 components 成员的方式将 sayHello 对象注册成了局部组件。

4. 接下来就是创建组件对象了，我们需要在 component_esm 目录下创建一个名为 sayHello.js 的脚本文件，并在其中输入如下代码。

```
const tpl = `
    <div>
        <h1>你好，{{ you }}! </h1>
        <input type="text" v-model="you" />
    </div>`;

const sayHello = {
```

```
        template: tpl,
        props : ['who'],
        data : function() {
            return {
                you: this.who
            }
        }
    };

    export default sayHello;
```

在第二个实验中，我们先定义了一个局部组件，然后使用 ES6 标准新增的 `export default` 语句将其导出为模块。当然，考虑到各种 Web 浏览器对 ES6 标准的实际支持情况，以及 Vue.js 框架本身使用的是 CommonJS 模块规范，所以上述实验依然可能不是编写 Vue 组件的最佳方式，可能还需要配置 Babel 和 webpack 这样的转译和构建工具来辅助。这就是我们接下来要解决的问题。

5.1.2　Vue 专用文件

正如 5.1.1 节中所说，直接使用 ES6 标准提供的模块规范来编写 Vue 组件在很多情况下可能并不是最佳实践。主要原因有两个，首先是市面上还有许多尚未对 ES6 标准提供完全支持的 Web 浏览器，这样做可能会导致某些用户无法使用应用程序。其次，即使将来所有的 Web 浏览器都完全支持 ES6 标准，直接在 JavaScript 原生的字符串对象中编写 HTML 模板的做法也会让我们的编程工具无法对其进行高亮显示与语法检查，这不仅会让编程体验大打折扣，也会增加编码的出错概率。为了解决这个问题，Vue 社区专门定义了一种编写 Vue 组件的文件格式。例如对于 `component_esm` 中的 `sayHello.js` 模块文件，我们可以将其重写为一个名为 `sayHello.vue` 的 Vue 专用文件，具体写法如下。

```
<template>
    <div class="box">
        <h1>你好，{{ you }}! </h1>
        <input type="text" v-model="you" />
    </div>
</template>

<script>
    const sayHello = {
        name: 'sayHello',
        props : ['who'],
        data : function() {
            return {
                you: this.who
```

```
            }
        }
    };
    export default sayHello;
</script>

<style scoped>
    .box {
        width: 400px;
        height: 300px;
        border-radius: 14px;
        padding: 14px;
        color: black;
        background: floralwhite;
    }
</style>
```

　　如你所见，上面这个专用文件实际上是一个 XML 格式的文件，它主要由 3 个标签组成。首先是<template>标签，用于定义该组件的用户界面模板，其作用相当于之前在 sayHello.js 中定义的 tpl 字符串对象，区别在于该标签中的内容会被自动关联到组件对象的 template 模板属性上。接着是<script>标签，用于定义组件对象本身，这部分代码与之前 sayHello.js 文件中的内容基本相同，只是无须手动定义组件的 template 值。最后是<style>标签，用于定义组件的 CSS 样式。当然，样式定义的部分是可以省略的，如果没有样式就不必写。

　　在掌握了 Vue 专用文件的编写方式之后，程序员紧接着要面对的一个问题是：JavaScript 解释器本身并不认识这种专用文件。所以，接下来的工作是要用 Babel 和 webpack 这些工具将其转译并打包成普通的 JavaScript 代码文件。现在，让我们通过第三个实验来演示这部分的工作，该实验的具体步骤如下。

1. 在 code/otherTest 目录中创建一个名为 component_wp 的目录，并在该目录下执行 npm init -y 命令将其初始化成一个 Node.js 项目。

2. 在 component_wp 目录下执行 npm install --save vue 命令将 Vue.js 框架安装到当前实验项目中。

3. 在 component_wp 目录下通过 npm install --save-dev <组件名>命令安装一系列组件。在这里，--save-dev 参数与--save 参数的区别是：使用 --save-dev 参数安装的组件只会在可开发环境中发挥作用，它们不会随着项目的最终产品一起被发布给用户；而使用--save 参数安装的组件（例如之前安装的 Vue）是会随着项目的最终产品一起发布给用户的。接下来我们对要安装的<组件名>及其相关的功能进行说明。

   - **webpack**、**webpack-cli**：用于构建项目的专用工具。
   - **babel**、**babel-core**、**babel-loader**：用于将使用 ES6 标准编写的代

码转译成符合早期标准的 JavaScript 代码。

- **html-webpack-plugin**：用于处理 HTML 文档的 webpack 组件。
- **vue-loader**、**vue-template-compiler**：用于处理 Vue 专用文件的 webpack 组件。
- **css-loader**、**style-loader**：用于处理 CSS 样式文件的 webpack 组件。

请注意：以上组件的版本必须与当前使用的 Node.js 运行环境的版本相匹配，否则在后续工作中会遇到各种意想不到的麻烦。

4. 在 component_wp 目录下创建一个名为 src 的目录，用于存放将要被转译和打包的源码。

5. 将之前创建的 sayHello.vue 保存在 src 目录中，并在该目录下创建以下文件。

- index.htm 文件，代码如下。

```
<!DOCTYPE html>
<html lang="zh-cn">
<head>
    <meta charset="UTF-8">
    <style>
        body {
            background: black;
            color: floralwhite;
        }
    </style>
    <title>Vue 组件实验（3）：以专用文件形式构建组件</title>
</head>
<body>
    <div id="app">
        <say-hello :who="who"></say-hello>
    </div>
</body>
</html>
```

- main.js 文件，代码如下。

```
import Vue from 'vue';
import sayHello from './sayHello.vue';

new Vue({
    el: '#app',
    components: {
        'say-hello': sayHello
    },
    data: {
        who:'vue'
    }
});
```

6. 在 `component_wp` 目录下创建一个名为 `webpack.config.js` 的 webpack 配置文件，并在其中输入如下代码。

```javascript
const path = `require('path');`
const VueLoaderPlugin = require('vue-loader/lib/plugin');
const HtmlWebpackPlugin = require('html-webpack-plugin');

const config = {
    entry: {
        main: path.join(__dirname,'src/main.js')
    },
    output: {
        path: path.resolve(__dirname,'./public/'),
        filename: 'js/[name]-bundle.js'
    },
    plugins:[
        new VueLoaderPlugin(),
        new HtmlWebpackPlugin({
            template: path.join(__dirname, 'src/index.htm')
        })
    ],
    module: {
        rules: [
            {
                test: /\.vue$/,
                loader: 'vue-loader'
            },
            {
                test: /\.js$/,
                loader: 'babel-loader'
            },
            {
                test: /\.css/,
                use: [
                    'style-loader',
                    'css-loader'
                ]
            }
        ]
    },
    resolve: {
        alias: {
            'vue$': 'vue/dist/vue.esm.js'
        }
    },
```

```
        mode: 'development'
    };

    module.exports = config;
```

7. 在 component_wp 目录下将 package.json 文件中的 scripts 选项修改如下。

```
"scripts": {
    "build": "webpack"
}
```

8. 在 component_wp 目录下创建一个名为 public 的目录，用于存放被转译和打包后的结果。

9. 在 component_wp 目录下执行 npm run build 命令，然后我们就可以在 public 目录下看到之前的源码被转译和打包后的结果了。

用浏览器打开 public 目录下的 index.html 文件，就可以看到最后的结果了，如图 5-1 所示。

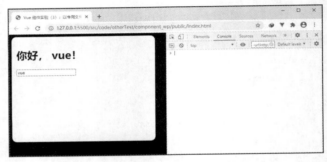

图 5-1　第三个实验的运行结果

必须要强调的是，webpack 的配置工作是一个非常复杂和烦琐的过程，各位在这里看到的只是“沧海一粟”，我们将在第 6 章中正式介绍前端构建工具时进一步对它的使用方式做详细说明。当然，如果读者有兴趣先行做一些相关研究，也可以选择自行查阅并参考 webpack 的官方文档。

5.1.3　Vue.js 3.x 中的组件

在 Vue.js 3.x 发布之后，组件的定义方式得到了进一步的丰富。例如在定义组件属性时，我们除了可以用数组的形式定义 props，也可以选择用 JavaScript 对象的方式来定义它，这样就能对组件的属性进行更多、更细致的限制，就像下面这样。

```
const sayHello = {
    // ...
```

```
    props: {
        who : String, // 仅限定类型
        status: {
            // 自定义校验函数
            validator: (value) => (
                ['single', 'married', 'not-married'].indexOf(value) !== -1
            ),
        },
    },
    // ...
};
export default defineComponent(sayHello);
```

在上述 sayHello 组件定义中，我们限定该组件的 who 属性的值必须是一个字符串类型的值，而其 status 属性则必须是指定的 3 个字符串中的一个。很显然，一旦有了这样的限定机制，组件的安全性将会得到很大程度的提升。当然，在 Vue.js3.x 带来的众多变化中，最引人注目，也最具有争议的一个变化是该框架引入了一整套被称为 Composition API 的组件定义方式。在这种方式下，组件的编写方式发生了比较剧烈的变化。例如，程序员现在可以选择将原本需要分别在 data 和 methods 这两个对象成员中定义的内容统一封装到一个名为 setup 的对象成员函数中，然后用该函数的返回值将它们有选择地开放给用户，下面是这种组件定义方式的 ES6 模块写法[1]。

```
import { ref, defineComponent }
    from '../node_modules/vue/dist/vue.esm-browser.js';

const tpl = `
    <div>
        <h1> 你好，{{ myName }}! </h1>
        <h2> 你的婚姻状态是：{{ myStatus }} </h2>
        姓名：<input type="text" v-model="myName" />
        <select v-model="myStatus">
            <option value="single">单身</option>
            <option value="married">已婚</option>
            <option value="not-married">未婚</option>
        </select>
        <button @click="doSomeThing">事件触发</button>
    </div>`;

const sayHello = {
    name    : 'sayHello',
    template : tpl,
    props : {
```

---

1 该组件的完整代码及其使用演示项目保存于 code/vue3_study/01_hello_vuejs/目录中。

```
            who : String, // 仅限定该属性值为字符串类型
            status: {
                // 自定义属性值的校验函数
                validator: (value) => (
                    ['single', 'married', 'not-married'].indexOf(value) !== -1
                ),
            },
        },
    setup : function(props) {
        // 定义对象数据
        let myName = ref(props.who);
        let myStatus = ref(props.status);

        // 定义对象方法
        const doSomeThing = function() {
            console.log('say-hello');
        };

        // 返回可被外部引用的对象数据和对象方法
        return { myName, myStatus, doSomeThing };
    }
};

// 使用 defineComponent()方法将 sayHello 对象封装成组件
export default defineComponent(sayHello);
```

　　需要提醒读者的是，虽然 Vue.js 的设计团队在官方文档中对 Composition API 的设计动机做了详细的解释 [1]，但这些改动终究还是因为有些过于激进而在 Vue.js 社区中引起了不少争议。不少老用户认为引入这种与 React.js 框架类似的"意大利面"式代码组织风格反而会让 Vue.js 框架失去原有的简单明快的竞争优势。总而言之，关于这些改动能否最终取得市场的认可，还需要一段时间的项目实践来证明，这也是本书选择不以 3.x 版本为主体来介绍 Vue.js 框架的主要原因之一。

5.2　设计 Vue 组件

　　在掌握了构建 Vue 组件的基本步骤之后，接下来就可以试着来设计一些更具有实际用处的组件了，这就需要用到一系列面向组件设计的模板指令。在上述实验中，我们已经演示过 v-bind 指令在组件语义下的使用方式，正如读者所见，与之前在 HTML 标准标签中使用 v-bind 指令的方式基本相同，但其他模板指令的情况就不一样了。例如，如果程序员想要让自定义组件具备事件处理能力，就需要为组件设计相应的自定义事

---

1 读者如有兴趣可自行去 Vue.js 3.x 的官方网站查阅该框架的设计团队对 Composition API 的介绍。

件，并且允许用户为这些自定义事件注册相应的处理函数，而这一切同样都需要利用
v-on 指令来实现。下面就讲解这个指令在 Vue 组件设计工作中的使用方式。

5.2.1　面向组件的 v-on 指令

在接下来的第四个实验中，我们将会为读者演示如何为之前的 say-hello 组件增加一
个名为 show-message 的自定义事件，并在应用程序的主界面中为该事件注册相应的处理
函数，以此来介绍 v-on 指令在设计组件时的使用方式。为此，我们需要首先在
code/otherTest 目录中创建一个名为 component_event 的目录，并将 component_wp
目录下的所有文件复制到该目录下，然后执行如下步骤。

1. 在 component_event 目录下将 package.json 文件中的 name 选项的值改
   为 component_event。
2. 暂且假设<say-hello>标签所对应的组件已经在监听一个名为 show-message
   的自定义事件，并在 component_event/src 目录下的 index.htm 文件中使用
   v-on 指令为其指定了事件处理函数，具体代码如下。

```
<!DOCTYPE html>
<html lang="zh-cn">
    <head>
    <meta charset="UTF-8">
    <style>
        body {
            background: black;
            color: floralwhite;
        }
    </style>
    <title>Vue 组件实验（4）：组件的自定义事件</title>
    </head>
    <body>
    <div id="app">
        <say-hello @show-message="showMessage"
                   :who="who">
        </say-hello>
    </div>
    </body>
</html>
```

3. 然后只需和之前一样，在 main.js 中与上述页面对应的 Vue 对象的 methods
   成员中添加 show-message 事件处理函数的实现，具体代码如下。

```
import Vue from 'vue';
import sayHello from './sayHello.vue';
```

```
new Vue({
    el: '#app',
    components: {
        'say-hello': sayHello
    },
    data: {
        who: 'vue'
    },
    methods: {
        showMessage : function() {
            window.alert('Hello, ' + this.who);
        }
    }
});
```

4. 接下来只需要让之前做的假设成真就可以了。换言之，现在的任务是要真正实现让 `<say-hello>` 组件监听 `show-message` 这个自定义事件。对于此类问题，Vue.js 框架为我们提供的解决方案是：利用组件内部的某个 HTML 标签的标准事件来触发该组件的自定义事件。具体到当前实验中，要做的就是对 `sayHello.vue` 文件做出如下修改。

```
<template>
    <div class="box">
        <h1>你好，{{ you }}! </h1>
        <input type="text" v-model="you" />
        <input type="button" value="弹出对话框" @click="showMessage">
    </div>
</template>
<script>
    const sayHello = {
        name: 'sayHello',
        props : ['who'],
        data : function() {
            return {
                you: this.who
            }
        },
        methods: {
            showMessage: function() {
                this.$emit('show-message', this.who);
            }
        }
    };
    export default sayHello;
</script>
<style scoped>
```

```
    .box {
        width: 400px;
        height: 300px;
        border-radius: 14px;
        padding: 14px;
        color: black;
        background: floralwhite;
    }
</style>
```

在上述代码中，我们首先在组件 `template` 部分中添加了一个显示文本为"弹出对话框"的按钮元素，并为其注册了 click 事件的处理函数。然后在实现该 click 事件的处理函数时，通过调用 `this.$emit()` 方法通知当前组件的调用方（即 `index.htm` 文件所定义的应用程序主界面），使 `show-message` 事件被触发。在这里，`this.$emit()` 方法的第一个参数应该是一个用于指定该组件被触发的事件名称。尔后，如果还有要传递给该组件事件处理函数的参数，我们还可以在后面依次加上这些参数（例如这里的 `this.who`）。这样一来，用户只需要单击「弹出对话框」按钮，就可以触发 `show-message` 事件了。

5.2.2　面向组件的 `v-model` 指令

和之前在用户界面中使用 HTML 标准标签时一样，通过 v-on 指令为自定义组件注册事件处理函数的方法只能实现一些简单的操作，对于更为复杂的表单操作，还是需要搭配 v-model 指令来实现。在接下来的第五个实验中，我们将通过记录实现一个 counter 组件的过程来为读者介绍 v-model 指令在 Vue 组件中的使用方法。该实验的具体步骤如下。

1. 首先在 `code/otherTest` 目录中创建一个名为 `component_counter` 的目录，并在该目录下创建 public 和 src 这两个子目录。

2. 由于本实验所需要的依赖项以及目录结构都与第三个实验的相同，为了免除不必要的工作量，节省花费在该实验项目配置工作上的时间，我们可以直接将 `component_wp` 目录下的 `package.json` 和 `webpack.config.js` 这两个分别与依赖项和项目打包相关的配置文件复制到 `component_counter` 目录下（并根据需要稍做修改），然后在 `component_ counter` 目录下执行 npm install 命令来安装已经配置在 `package.json` 文件中的项目依赖项。

3. 暂且假设自己手里已经有一个支持 v-model 指令的 counter 组件，且在创建 `src/main.js` 文件并实现 Vue 对象时将其注册成了局部组件，具体代码如下。

```
import Vue from 'vue';
import counter from './counter.vue';

new Vue({
    el: '#app',
```

```
    components: {
        'my-counter': counter
    },
    data: {
        num: 0
    },
    methods: {}
});
```

4. 然后在创建 `src/index.htm` 文件并设计应用程序的用户界面时像使用 HTML 标准标签一样，在自定义组件所对应的标签中使用 `v-model` 指令来实现双向数据绑定即可，具体代码如下。

```html
<!DOCTYPE html>
<html lang="zh-cn">
    <head>
        <meta charset="UTF-8">
        <style>
            body {
                background: black;
                color: floralwhite;
            }
        </style>
        <title>Vue 组件实验（5）：计数器组件</title>
    </head>
    <body>
        <div id="app">
            <my-counter v-model="num"></my-counter>
        </div>
    </body>
</html>
```

5. 接下来的任务就是实现这个 `counter` 组件并让其以符合之前假设的方式支持 `v-model` 指令。在此之前读者需要知道，根据 Vue.js 官方文档的说明，在组件语义下的 `v-model` 指令本质上只是一个语法糖，代码如下。

```html
<my-counter v-model="num">
</my-counter>
```

换言之，其实际上等价于如下代码。

```html
<my-counter :value="num" @input="num = $event.target.value">
</my-counter>
```

所以在创建 `src/counter.vue` 文件并实现 `counter` 组件时，我们按照之前学习到的方法分别处理由 `v-bind` 指令绑定的 `value` 组件属性和由 `v-on` 指令注册的 `input` 自定义事件即可，具体代码如下。

```
<template>
    <div class="box">
        <input type="button" value="-" @click="changeCounter(-1)">
        <input type="text" :value="value" @input="changeInput" >
        <input type="button" value="+" @click="changeCounter(1)">
    </div>
</template>
<script>
    const counter = {
        name: 'counter',
        props : ['value'],
        methods: {
            changeCounter: function(count) {
                this.$emit('input', this.value + count);
            },
            changeInput: function(event) {
                let num = parseInt(event.target.value);
                if(isNaN(num)) {
                    num = 0;
                }
                this.$emit('input', num);
            }
        }
    };
    export default counter;
</script>
<style scoped>
    .box {
        width: 400px;
        height: 300px;
        border-radius: 14px;
        padding: 14px;
        color: black;
        background: floralwhite;
    }
</style>
```

5.2.3　预留组件插槽

　　到目前为止，大家看到的都是一些功能单一的组件，但在具体的项目实践中，程序员在很多时候可能还需要将这些功能单一的组件组合成略为复杂的组件。这意味着我们需要像使用 HTML 标准标签一样嵌套使用组件的自定义标签，例如在下面这段 HTML 代码中，<h1>标签是被插入<div>标签的内部的。

```
<div>
    <h1>标题</h1>
</div>
```

如果我们想要在使用自定义组件的标签时也能插入其他标签，就必须在设计组件时使用 Vue.js 框架定义的<slot>标签在其用户界面模板中设置一些**插槽**，这样就等于为其他标签预留了插入的位置。例如在第五个实验中，如果我们想为 counter 组件增加一个外层盒子，以便用户为自己的计数器增加一个标题，就可以像下面这样做。

首先，在 component_counter/src 目录下创建一个名为 box.vue 的文件，并在其中编写如下代码。

```
<template>
    <div class="box">
        <header>
            <slot name="title"></slot>
        </header>
        <main>
            <slot></slot>
        </main>
    </div>
</template>
<script>
    const box = {
        name: 'box'
    };
    export default box;
</script>
<style scoped>
    .box {
        width: 400px;
        height: 300px;
        border-radius: 14px;
        padding: 14px;
        color: black;
        background: floralwhite;
    }
</style>
```

然后在使用这个带插槽的 box 组件之前，我们同样需要先在 main.js 文件中将其注册为 Vue 对象的局部组件，具体代码如下。

```
import Vue from 'vue';
import box from './box.vue';
import counter from './counter.vue';

new Vue({
    el: '#app',
```

```
    components: {
        'my-box' : box,
        'my-counter': counter
    },
    data: {
        num: 0
    },
    methods: {}
});
```

修改 `counter.vue` 文件，去掉原来的样式定义，修改后的代码如下。

```
<template>
    <div>
        <input type="button" value="-" @click="changeCounter(-1)">
        <input type="text" :value="value" @input="changeInput" >
        <input type="button" value="+" @click="changeCounter(1)">
    </div>
</template>
<script>
    const counter = {
        name: 'counter',
        props : ['value'],
        methods: {
            changeCounter: function(count) {
                this.$emit('input', this.value + count);
            },
            changeInput: function(event) {
                let num = parseInt(event.target.value);
                if(isNaN(num)) {
                    num = 0;
                }
                this.$emit('input', num);
            }
        }
    };
    export default counter;
</script>
```

现在，我们就可以在设计应用程序的用户界面时嵌套使用自定义组件的标签了。正如大家所见，我们在设计 box 组件时为用户提供了两种常用的插槽，一种是带 name 属性的<slot>标签，通常被称为**具名插槽**；另一种是不带属性的<slot>标签，通常被称为**默认插槽**。其中，具名插槽的作用是指定待插入元素的意义或功能，需用带 v-slot 指令的<template>标签来指定；而默认插槽实际上就是名称为 default 的插槽。在这里，所有被插入 box 组件标签内部，且没有被<template>标签指定的元素都会被插入该插槽中。例如，我们可以像下面这样在 index.htm 文件中为 box 组件插入内容。

```html
<!DOCTYPE html>
<html lang="zh-cn">
    <head>
        <meta charset="UTF-8">
        <style>
            body {
                background: black;
                color: floralwhite;
            }
        </style>
        <title>Vue 组件实验（5）：计数器组件</title>
    </head>
    <body>
        <div id="app">
            <my-box>
                <template v-slot:title>
                    <h1>我的计数器</h1>
                </template>
                <p>这是一个 counter 组件：</p>
                <my-counter v-model="num"></my-counter>
            </my-box>
        </div>
    </body>
</html>
```

当然，如果想要让 HTML 文档的结构更清晰一些，我们也可以使用带 v-slot 指令的<template>标签来指定要插入默认插槽中的内容，具体做法如下。

```html
<!DOCTYPE html>
<html lang="zh-cn">
    <head>
        <meta charset="UTF-8">
        <style>
            body {
                background: black;
                color: floralwhite;
            }
        </style>
        <title>Vue 组件实验（5）：计数器组件</title>
    </head>
    <body>
        <div id="app">
```

```
<my-box>
    <template v-slot:title>
        <h1>我的计数器</h1>
    </template>
    <template v-slot:default>
        <p>这是一个`counter`组件：</p>
        <my-counter v-model="num"></my-counter>
    </template>
</my-box>
        </div>
    </body>
</html>
```

最后，我们只需在 `component_counter` 目录下执行 `npm run build` 命令，然后就可以用浏览器打开 `public` 目录下的 `index.html` 文件，并看到最终运行结果了，如图 5-2 所示。

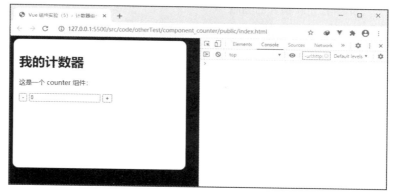

图 5-2　第五个实验的运行结果

5.3　使用现有组件

在之前的 5 个实验中，我们所演示的基本都是构建自定义组件的方法，但在具体开发实践中，并非项目中所有的组件都是需要程序员自己动手来创建的。毕竟在程序设计领域，"不要重复发明轮子"也是一项所有程序员理应坚持的基本原则。换言之，在亲自动手创建一个组件之前，程序员理应先确认一下 Vue.js 框架的内置组件库，以及当前流行的第三方组件库中是否已经提供了类似功能的组件。如果有，直接拿来使用即可，不必再去自定义一个功能相同的组件了。坚持这一基本原则不仅可以避免重复劳动，提高程序员的项目开发效率，而且由于这些组件库提供的组件通常经历过更严格、更系统性的测试和优化，因此直接使用它们来完成相关任务也有助于改善程序本身的性能和提高安全性。

5.3.1　使用内置组件

根据 Vue.js 框架的官方文档，该框架主要为用户提供了以下 5 个内置组件，让我们先来简单介绍这些组件的功能。

- **component 组件**：该组件主要用于在用户界面中进行界面元素（包括自定义标签）的动态切换。
- **transition 组件**：该组件主要用于定义在用户界面中切换界面元素（包括自定义标签）时的动画效果。
- **transition-group 组件**：该组件主要用于定义在用户界面中分组切换多个界面元素（包括自定义标签）时的动画效果。
- **keep-alive 组件**：该组件主要用于在组件切换的过程中缓存不活动的组件对象，以便该组件被切换回来时能维持之前的状态。
- **slot 组件**：该组件主要用于在自定义组件模板中预留其他组件标签或 HTML 标准标签可以插入的插槽。

细心的读者可能已经发现了，上述组件中除了 slot 组件用于在自定义组件时预留插槽（我们在之前的实验中已经演示过该组件的使用方法），其他 4 个组件都与用户界面中界面元素的切换有关。我们可通过一个让用户在登录界面和注册界面之间来回切换的实验来演示这些内置组件的使用方法。下面先从 component 组件开始，让我们执行以下步骤来开始构建本章的第六个实验。

1. 首先在 code/otherTest 目录中创建一个名为 component_users 的目录，并在该目录下创建 public 和 src 这两个子目录。
2. 由于本实验所需要的依赖项以及目录结构都与第三个实验的相同，因此为了免除不必要的工作量，节省花费在该实验项目配置工作上的时间，我们可以直接将 component_wp 目录下的 package.json 和 webpack.config.js 这两个分别与依赖项和项目打包相关的配置文件复制到 component_users 目录下（并根据需要稍做修改），然后在 component_users 目录下执行 npm install 命令来安装已经配置在 package.json 文件中的项目依赖项。
3. 在 src 目录下创建一个名为 userLogin.vue 的文件，并在其中创建用于构建用户登录界面的组件。具体代码如下。

```
<template>
    <div id="tab-login">
        <table>
            <tr>
                <td>用户名: </td>
                <td><input type="text" v-model="userName"></td>
            </tr>
```

```
        <tr>
            <td>密　　码: </td>
            <td><input type="password" v-model="password"></td>
        </tr>
        <tr>
            <td><input type="button"
                       value="登录"
                       @click="login">
            </td>
            <td><input type="button"
                       value="重置"
                       @click="reset">
            </td>
        </tr>
    </table>
</div>
</template>
<script>
    export default {
        name: "tab-login",
        props : ['value'],
        data: function() {
            return {
                userName: '',
                password: ''
            };
        },
        methods: {
            login: function() {
                if(this.userName !== '' && this.password !== '') {
                    if(this.userName === 'owlman' &&
                        this.password === '0000') {
                        this.$emit('input', true);
                    } else {
                        window.alert('用户名或密码错误! ');

                    }
                } else {
                    window.alert('用户名与密码都不能为空! ');

                }
            },
            reset: function() {
                this.userName = '';
                this.password = '';
            }
        }
    };
</script>
```

4．在 src 目录下创建一个名为 userSignUp.vue 的文件，并在其中创建用于构建用户注册界面的组件。具体代码如下。

```
<template>
    <div id="tab-sign">
        <table>
            <tr>
                <td>请输入用户名：</td>
                <td><input type="text" v-model="userName"></td>
            </tr>
            <tr>
                <td>请设置密码：</td>
                <td><input type="password" v-model="password"></td>
            </tr>
            <tr>
                <td>请重复密码：</td>
                <td><input type="password" v-model="rePassword"></td>
            </tr>
            <tr>
                <td><input type="button"
                           value="注册"
                           @click="signUp">
                </td>
                <td><input type="button"
                           value="重置"
                           @click="reset">
                </td>
            </tr>
        </table>
    </div>
</template>
<script>
    export default {
        name: "tab-sign",
        data() {
            return {
                userName: '',
                password: '',
                rePassword: ''
            };
        },
        methods: {
            signUp: function() {
                if(this.userName !== '' &&
                    this.password !== ''&&
                    this.rePassword !== '') {
                        if(this.password === this.rePassword) {
```

```
                    window.alert('用户注册');
                } else {
                    window.alert('你两次输入的密码不一致！');
                }
            } else {
                window.alert('请正确填写注册信息！');
            }

        },
        reset: function() {
            this.userName = '';
            this.password = '';
            this.rePassword = '';
        }
    }
};
</script>
```

5. 在 src 目录下创建 main.js 文件，并在实现 Vue 对象时将上面两个新建的组件注册成局部组件，具体代码如下。

```
import Vue from 'vue';
import userLogin from './userLogin.vue';
import userSignUp from './userSignUp.vue';

new Vue({
    el: '#app',
    data: {
        componentId: 'login',
        isLogin: false
    },
    components: {
        login: userLogin,
        signup : userSignUp
    }
})
```

6. 在 src 目录下创建 index.htm 文件，并在设计应用程序的用户界面时使用 <component> 标签指定首先要载入的组件，并用 <input> 标签在该界面中设置两个用于切换组件的按钮元素，具体代码如下。

```
<!DOCTYPE html>
<html lang="zh-cn">
    <head>
        <meta charset="UTF-8">
        <style>
            body {
```

```
                background: black;
                color: floralwhite;
            }
            .box {
                width: 400px;
                height: 300px;
                border-radius: 14px;
                padding: 14px;
                color: black;
                background: floralwhite;
            }
        </style>
        <title>Vue 组件实验（6）：使用动态组件</title>
    </head>
    <body>
        <div id="app" class="box">
            <h1>用户登录</h1>
            <div v-show="!isLogin">
                <input type="button" value="注册新用户"
                        @click="componentId='signup'">
                <input type="button" value="用户登录"
                        @click="componentId='login'">
                <component :is="componentId"
                            v-model="isLogin">
                </component>
            </div>
            <div v-show="isLogin">登录成功</div>
        </div>
    </body>
</html>
```

7. 用浏览器打开 public 目录下的 index.html 文件，就可以看到最后的结果了，
   如图 5-3 所示。

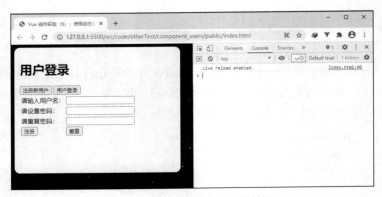

图 5-3　第六个实验的运行结果

　　在上述代码中，读者可以看到我们在使用 component 组件时主要设置了两个属性。首先是 is 属性，它是使用 component 组件必须要设置的属性。该属性的值应该是一个字符串类型的值，主要用于在一组要被切换的组件中指定当前被激活的组件。在这里，我们先用 v-bind 指令将其绑定到 Vue 对象中一个名为 componentId 的 data 成员上，然后通过两个按钮元素的 click 事件来改变该属性的值，从而实现在 userLoin 和 userSignUp 这两个组件之间的切换。接下来使用 v-model 指令双向绑定的 Vue 对象中另一个名为 isLogin 的 data 成员，这不是使用 component 组件必须要设置的，我们绑定该数据是为了记录用户的登录状态，并以此来决定应用程序是否需要在用户界面中显示与用户登录与注册功能相关的界面元素。

　　实验进行到这一步时，我们事实上已经在应用程序的用户界面中初步实现了一个与用户登录与注册功能相关的模块，但这个模块还存在一个小问题亟待解决，那就是组件在被切换时已经获得的用户输入会丢失。也就是说，如果我们在用户注册界面中输入信息的过程中不小心单击了「用户登录」按钮，因此切换到了用户登录界面，再切换回去时，之前输入的信息就会全部丢失，这可能会带来较差的用户体验。在 Vue.js 框架中，我们可以使用 keep-alive 组件来解决这个问题，该组件的使用方法非常简单，只需要将上面的 component 组件的标签放到 keep-alive 组件的标签内部即可，像以下这样。

```
<keep-alive>
    <component :is="componentId" v-model="isLogin"></component>
</keep-alive>
```

　　除此之外，程序员还可以通过 transition 组件在界面元素切换过程中加入一些自己想要的过渡效果。下面是我们在使用 transition 组件时可以设置的主要属性。

- **name 属性**：该属性的值是一个字符串类型的值，主要用于自动生成界面元素在切换过程中过渡样式的 CSS 类名。例如当我们将 name 属性的值设置为 'usersModule' 时，就等于自动创建了 .usersModule-enter、.usersModule-enter-active 等一系列样式的 CSS 类名。
- **appear 属性**：该属性的值是一个布尔类型的值，主要用于指定是否要在用户界面初始化时就使用过渡样式。默认值为 false。
- **css 属性**：该属性的值是一个布尔类型的值，主要用于指定是否要使用 CSS 样式类来定义过渡效果。默认值为 true。
- **type 属性**：该属性的值是一个字符串类型的值，主要用于指定过渡事件类型，侦听过渡何时结束。有效值包括 transition 和 animation。
- **mode 属性**：该属性的值是一个字符串类型的值，主要用于控制界面元素退出/进入过渡的时间序列。有效值包括 out-in 和 in-out。

通常情况下，我们只需依靠 CSS 样式就可以实现一些简单的过渡效果。但当

transition 组件的 css 属性值为 false 或需要实现更复杂的过渡效果时，就需要通过一些由 transition 组件预设的事件钩子函数，来定义一些需要通过 JavaScript 代码执行的操作，下面是我们在使用 transition 组件时可以定义的主要事件钩子函数。

- **before-enter()函数**：该钩子函数会在相关界面元素进入用户界面之前被调用。
- **before-leave()函数**：该钩子函数会在相关界面元素退出用户界面之前被调用。
- **enter()函数**：该钩子函数会在相关界面元素进入用户界面时被调用。
- **leave()函数**：该钩子函数会在相关界面元素退出用户界面时被调用。
- **after-enter()函数**：该钩子函数会在相关界面元素进入用户界面之后被调用。
- **after-leave()函数**：该钩子函数会在相关界面元素退出用户界面之后被调用。

这里需要说明的是，以上列出的只是一些常用的属性和函数，并非 transition 组件提供的所有属性和事件钩子函数，读者如果想要阅读关于该组件更全面的参考资料，还请自行去查阅 Vue.js 的官方文档[1]。下面，我们简单示范 transition 组件的基本使用方式。在之前的第六个实验中，如果想在 userLoin 和 userSignUp 这两个组件的切换过程中加入一些过渡效果，可以将要切换的组件放到 transition 组件标签内部，并根据需要设置该组件的属性，例如像以下这样。

```
<transition name='usersModule' mode='out-in'>
    <keep-alive>
        <component :is="componentId" v-model="isLogin"></component>
    </keep-alive>
</transition>
```

在这里，我们先将 transition 组件的 mode 属性值设置成 out-in，使得界面元素的切换顺序变成先退出再进入，然后将其 name 属性值设置成 userModule。正如之前所说，设置 name 属性的值会自动创建一系列用于定义过渡效果的 CSS 类名。下面，我们只需要根据项目的需要在 index.htm 文件的<style>标签或其外链的 CSS 文件中定义其中的某个类，例如像以下这样。

```
@keyframes usersAni {
    0% {
        transform: scale(0);
    }
    50% {
        transform: scale(1.5);
    }
    100% {
        transform: scale(1);
    }
}
.usersModule-leave-active {
    animation: usersAni .5s;
}
```

---

1 读者如有兴趣可自行去 Vue.js 3.x 的官方网站查阅关于该框架内置组件的介绍。

如你所见，我们在上述代码中定义了一个"缩小再放大"效果的简单过场动画，然后在名为 `usersModule-leave-active` 的 CSS 类中使用了它。这样一来，读者就可以在 `userLoin` 和 `userSignUp` 这两个组件的切换过程中看到相应的过渡效果了。当然，当前这个实验中演示的只是最简单的过渡效果设置。在后续具体的项目实践中，我们将陆续演示如何使用 `transition` 组件和 `transition-group` 组件设置出更复杂、更具实用功能的过渡效果。

5.3.2　引入外部组件

由于 Vue.js 是一个开放的前端框架，所以这些年在开源社区已经累积了不少好用的第三方组件。在实际项目开发中，程序员更多时候会选择从外部引入第三方的组件库来构建应用程序的用户界面。下面，我们就以 Element 组件库为例来介绍一下如何在一个基于 Vue.js 框架的前端项目中引入第三方组件库。

1. 先来创建本章第七个实验所在的目录，即在 code/otherTest 目录中创建一个名为 hello_element 的目录，并在该目录下创建 public 和 src 这两个子目录。

2. 由于本实验所需要的依赖项以及目录结构都与第三个实验的相同，为了免除不必要的工作量，节省花费在该实验项目配置工作上的时间，我们可以直接将 component_ wp 目录下的 package.json 和 webpack.config.js 这两个分别与依赖项和项目打包相关的配置文件复制到 hello_element 目录下（并根据需要稍做修改），然后在 hello_element 目录下执行 npm install 命令来安装已经配置在 package.json 文件中的项目依赖项。

3. 在 hello_element 目录下执行 npm install --save element-ui 命令将 Element 组件库安装到当前实验项目中。

4. 在 src 目录下创建 main.js 文件。在该文件中，我们先使用 import 语句分别导入 Vue.js 框架与 Element 组件库，接着通过调用 Vue.use() 方法将 Element 组件库加载到 Vue.js 框架中，然后就可以照常创建 Vue 对象了。具体代码如下。

```
import Vue from 'vue';
import ElementUI from 'element-ui';

Vue.use(ElementUI);

new Vue({
    el: '#app',
    data : {
      title: 'Element 组件库',
      message :
          '一套为开发者、设计师和产品经理准备的基于 Vue 2.x 的桌面端组件库。'
    },
    methods : {
        goDocument : function() {
```

```
                window.open('https://element.faas.ele.me/#/zh-CN', '_blank');
            }
        }
    });
```

5. 在 `src` 目录下创建 `index.htm` 文件，并在设计应用程序的用户界面时使用 Element 组件库中的组件标签。至于该组件库中有多少可用的组件以及这些组件所对应的标签，读者可以自行查阅其官方文档[1]。我们在这里只简单示范 Card 组件和 Button 组件的使用方法，以证明组件库已经被成功引入项目中，具体代码如下。

```html
<!DOCTYPE html>
<html lang="zh-cn">
    <head>
        <meta charset="UTF-8">
        <!-- 在正式使用 Element 组件之前，请务必要记得加载其样式文件。 -->
        <link rel="stylesheet"
            href="../node_modules/element-ui/lib/theme-chalk/index.css">
        <title>Vue 组件实验（7）：引入第三方组件库</title>
    </head>
    <body>
        <div id="app">
            <h1>引入第三方组件库</h1>
            <el-card shadow="always">
                <h2> {{ title }} </h2>
                <p> {{ message }} </p>
                <el-button type="info" @click='goDocument'>
                    查看官方文档
                </el-button>
            </el-card>
        </div>
    </body>
</html>
```

6. 用浏览器打开 `public` 目录下的 `index.html` 文件，就可以看到最后的结果了，如图 5-4 所示。

图 5-4　第七个实验的运行结果

---

1 读者如有兴趣可自行在搜索引擎中搜索 "element-ui" 关键字，即可找到 Element 组件库的官方网站及其文档并进行查阅。

需要特别说明的是，我们在这里只简单地介绍了如何在一个基于 Vue.js 框架的前端项目中引入第三方组件库。至于在实际生产环境中是使用 Element 组件库，还是选择别的组件库，还是要根据项目的实际需求和这些组件库的具体特性来做决定。在后续具体的项目实践中，我们将陆续演示如何使用这些第三方组件库设计出更复杂、更符合实际需求的用户界面。

5.4 本章小结

在本章中，我们重点介绍了 Vue.js 框架中的组件机制。首先介绍的是自定义组件的基本步骤，在这部分内容中，我们为读者示范了如何使用 webpack 打包工具及其相关插件，引入了定义组件专用的文件格式，这种文件格式将有助于提高程序员基于 Vue.js 框架来构建项目时的编程效率。接着，我们通过一系列的实验示范在自定义组件中会使用到的模板指令及其相关的机制，以帮助读者掌握设计组件所需要的基本技能。最后，基于"不要重复发明轮子"的原则，我们还为读者示范了使用 Vue.js 框架的内置组件或引用外部组件来设计用户界面的方法。

第 6 章　使用自动化工具

相信细心的读者在学习第 5 章时就已经发现了一个问题，那就是后几个实验项目在构建之初都要做一些近乎完全相同的初始化操作。例如，我们会创建相同的目录结构，用 package.json 文件配置近乎相同的依赖项，用 webpack.config.js 文件配置的代码转译与打包选项也基本相同。在具体的项目实践中，一旦遇到这种重复性很高的操作，就意味着我们应该寻求用自动化工具来解决问题。本章之前的内容之所以不鼓励读者使用这些工具，是因为我们需要先明白设置这些目录结构、依赖项、转译与打包选项的作用，以便在后面使用自动化工具时能"知其然且知其所以然"。现在是时候回到"不重复发明轮子"的原则上来，为读者介绍如何利用自动化工具来提高项目开发的效率了。总而言之，在学习完本章内容之后，希望读者能够：

- 了解 webpack 打包工具并掌握将代码转译和打包的基本思路和具体方法；
- 了解 Vue CLI 脚手架工具并能使用它构建一个基于 Vue.js 2.x 的项目；
- 了解 Vite 前端构建工具并能使用它构建一个基于 Vue.js 3.x 的项目。

6.1　前端打包工具

6.1.1　为何需要打包

程序员在构建应用程序的前端部分时往往会出于可重用性方面的考虑将用户界面划分成不同的组件来编写，我们将这种编程思路称为**模块化编程**。在模块化编程中，每个模块通常会涉及一段用于描述界面元素的 HTML 代码，这些 HTML 代码又会去分别加载一系列 JavaScript 代码、CSS 样式以及其他静态资源（包括图片、字体、视频等）。并且在许多情况下，这些代码、样式和资源还分别被存储在不同类型的文件中，这些文件之间是存在着一定依赖关系的。这就带来了一个潜在的问题：当 Web 浏览器或其他客户端在加载某个模块时，如果该模块中文件的加载顺序和速度因各种不同的客观条件而产生一些不可预测的状况，会给应用程序带来一些负面影响。如果想避免产生这些状况，程序员就应该考虑先将这些模块进行压缩并打包成更便于加载的文件单元。

除了模块加载带来的隐患，Web 浏览器或其他客户端对 JavaScript 语言标准的支持程度也是一个不容忽视的问题。毕竟，如今依然还存在着大量的用户仍在使用比 IE 9 更老旧的浏览器，这些浏览器是完全不支持 ES6 标准的。如果希望应用程序能被更多的用户使用，我们也需要将使用 ES6 标准编写的 JavaScript 代码转译成符合更早期标准的、具有同等效果的代码。

在如今的 Vue.js 项目实践中，上面所讨论的模块打包和代码转译工作大多数时候是通过 webpack 这个工具来完成的。webpack 是一个基于 JavaScript 语言的现代化**前端打包工具**，它会尝试着在前端项目中各类型文件之间构建起一个依赖关系图，这个关系图很大程度上就体现了应用程序中各模块之间，以及模块内部文件之间存在的依赖关系。然后，webpack 负责将这些模块按页面加载的具体需求进行压缩并打包成一个或多个经过压缩过的文件，其工作过程如图 6-1 所示[1]。

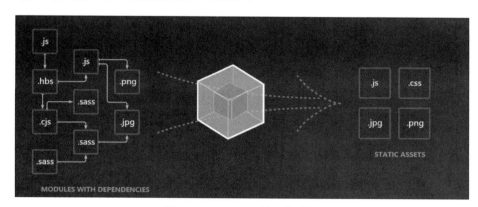

图 6-1　webpack 的工作过程

6.1.2　基本打包选项

接下来，就让我们以之前在第三个实验中编写的 `webpack.config.js` 文件为例来说明使用 webpack 打包一个 Vue.js 前端项目需要进行的基本配置吧！这个配置文件的内容如下。

```
const path = require('path');
const VueLoaderPlugin = require('vue-loader/lib/plugin');
```

1　该图出自 webpack 中文网，读者如有兴趣可自行在搜索引擎中找到该网站并进一步查阅相关资料。

```javascript
const HtmlWebpackPlugin = require('html-webpack-plugin');

const config = {
    entry: {
        main: path.join(__dirname,'src/main.js')
    },
    output: {
        path: path.join(__dirname,'./public/'),
        filename:'js/[name]-bundle.js'
    },
    plugins:[
        new VueLoaderPlugin(),
        new HtmlWebpackPlugin({
            template: path.join(__dirname, 'src/index.htm')
        })
    ],
    module: {
        rules: [
            {
                test: /\.vue$/,
                loader: 'vue-loader'
            },
            {
                test: /\.js$/,
                loader: 'babel-loader'
            },
            {
                test: /\.css/,
                use: [
                    'style-loader',
                    'css-loader'
                ]
            }
        ]
    },
    resolve: {
        alias: {
            'vue$': 'vue/dist/vue.esm.js'
        }
    },
    mode: 'development'
};

module.exports = config;
```

正如读者所见，webpack 的配置文件实际上是一个遵守 CommonJS 规范的 JavaScript 文件，其所有的配置工作都是通过定义一个名为 `config` 的 JSON 格式的数据对象来完成的。下面来详细介绍这个对象中定义的成员。

6.1.2.1　`entry` 成员：配置入口模块

在 `config` 对象中，`entry` 成员通常是我们第一个要定义的成员，该成员主要用于指定对当前项目进行打包时的入口模块。换句话说，`entry` 成员所配置的就是 webpack 的输入选项，webpack 就是以该选项指定的模块为起点开始构建依赖关系图的。在该关系图的构建过程中，webpack 会搜寻到项目中存在的所有模块，并确认这些模块内外存在的直接或间接的依赖关系。另外，由于在许多情况下，项目的入口模块未必只有一个，因此 `entry` 成员有 4 种定义形式。首先是字符串形式，当我们确定项目自始至终只会存在单一入口模块时，`entry` 成员就可以直接被定义成一个字符串类型的值，其具体示例代码如下。

```
const path = require('path');

const config = {
    entry: path.join(__dirname,'src/main.js')
    // 其他配置
};

module.export = config;
```

当然，以上这种配置方式只能应对一些极为简单的项目打包工作，我们在实际项目中并没有多少机会能用到它。下面来看数组形式，当项目中存在多个入口模块，或者我们不确定项目今后会不会增加入口模块时，更好的选择是将 `entry` 成员定义成一个字符串数组，因为这样做不仅可以一次指定多个入口模块，也可以为今后增加入口模块预留接口，其具体示例代码如下。

```
const path = require('path');

const config = {
    entry:  [
        path.join(__dirname,'src/main.js'),
        path.join(__dirname,'liba/index.js')
        // 其他入口模块
    ],
    // 其他配置
};

module.export = config;
```

`entry` 成员的第三种定义形式是将它定义成一个 JSON 格式的数据对象。由于

webpack 打包时是以 chunk 为单位来进行源码分割的，该单位在默认情况下是按照它读取到的 JavaScript 文件来进行划分的，这在我们从外部引入第三方源码时会造成一些没有必要的重复打包。如果想按照指定的业务逻辑对项目进行分 chunk 打包，也可以使用对象定义的语法来定义 entry 成员，其具体定义方式如下。

```
const path = require('path');

const config = {
    entry: {
        main: path.join(__dirname,'src/main.js'),
        liba: path.join(__dirname,'liba/index.js'),
        vendor: 'vue'
        // 其他入口模块
    },
    // 其他配置
};

module.export = config;
```

在上述配置中，我们为 src/main.js 和 liba/index.js 这两个入口模块，以及 Vue.js 这个第三方框架源文件分别指定了相应的 chunk 名称。这样一来，我们就可以在后面搭配 optimization 选项的配置中将自己开发的业务代码和从外部引入的第三方源码分离开来。毕竟第三方框架在被安装之后，源码基本就不再会发生变化了，因此如果能将它们独立打包成一个 chunk，这一部分的源码就不用再重复打包，这有助于提高项目的整体打包速度。

最后，如果我们在配置入口模块时需要设计一些在运行时才能获得路径的动态逻辑，也可以将 entry 成员定义成函数形式。其具体示例代码如下。

```
const path = require('path');

const config = {
    entry: function() {
        return new Promise(function(resolve) {
            // 在此处模拟一个异步调用
            setTimeout(function() {
                resolve(path.join(__dirname,'src/main.js'));
            }, 1000);
        });
    }
    // 其他配置
};

module.export = config;
```

需要特别说明的是，webpack 在 4.0 之后的版本中新增了默认配置的机制，所以在使用最新版本的 webpack 进行项目打包时,如果读者忘记了定义 config 对象的 entry 成员，webpack 的输入选项会被配置为默认值 ./src。

6.1.2.2　output 成员：配置输出选项

在配置完 webpack 的输入选项之后，接下来要配置的自然是输出选项。在 config 对象中，webpack 的输出选项是通过定义其 output 成员来配置的，主要用于指定 webpack 在完成打包工作之后以何种方式产生输出文件。在 webpack 4.0 发布之后，该选项的默认值为 ./dist。在通常情况下，output 成员通常会被定义成一个 JSON 格式的数据对象，该对象主要包含以下两个基本的成员。

* **filename** 成员：用于指定输出文件的名称。
* **path** 成员：用于指定输出文件的存放路径。

下面来看一下 output 成员的基本定义方式，其具体示例代码如下。

```
const path = require('path');

const config = {
    entry:  [ // 配置入口模块
        path.join(__dirname,'src/main.js'),
        path.join(__dirname,'liba/index.js')
    ],
    output: { // 配置输出文件
        filename: 'bundle.js',
        path: path.join(__dirname,'./public/')
    },
    // 其他配置
};

module.export = config;
```

需要注意的是，在配置输出选项时，path 属性的值必须是一个绝对路径。另外，无论我们在 entry 成员中定义了几个入口模块,webpack 根据上述配置产生的输出结果都是一个名为 bundle.js 的文件。如果想让 webpack 根据指定的 chunk 名称来产生不同文件名的输出结果，那就需要先在定义 entry 成员时为其指定 chunk 名称，然后在定义 output 成员时将 filename 属性的值定义为[name].js。其具体示例代码如下。

```
const path = require('path');

const config = {
    entry: {
        main: path.join(__dirname,'src/main.js'),
```

```
        liba: path.join(__dirname,'liba/index.js')
    },
    output: {
        filename: '[name].js',
        path: path.join(__dirname,'./public/')
    },
    // 其他配置
};

module.export = config;
```

　　在上述配置中，[name]是一种作用类似于模板变量的占位符，它在打包过程中会被自动替换成我们在配置入口模块选项时指定的 chunk 名称。这样一来，webpack 就会在./public/目录下分别产生 main.js 和 liba.js 这两个输出文件。除了[name]，我们还可以使用[id]、[chunkhash]等其他占位符来更详细地定义输出文件的名称。

6.1.2.3　module 成员：配置预处理器

　　正如我们在 6.1.1 节中所说，webpack 除了可对项目中的源码文件进行压缩打包，另一个作用就是将这些源码文件中的部分代码进行转译。这部分工作要针对的模板既包含之前提到的使用 ES6 标准来编写的 JavaScript 文件，也包含 CSS、XML、HTML、PNG 等其他各种类型的文件。在 webpack 中，代码的转译工作是通过一个名叫**预处理器（ loader ）**的机制来完成的。在这里，读者可以将预处理器理解为 webpack 从外部引入的转译器组件，我们在项目实践中可以利用这种转译器组件处理一些非 JavaScript 类型的文件，以便可以在 JavaScript 代码中使用 import 语句导入一些非 JavaScript 模块。简言之，就是在使用预处理器之前，项目中只有 JavaScript 文件才会被视为模块，而在使用了预处理器之后，项目中的所有文件都可被视为模块。当然，为了让 webpack 能识别不同类型的模块，我们需要从外部引入相应类型的预处理器组件。在一个 Vue.js 项目中，我们通常需要引入以下基本的预处理器组件。

- css-loader：用于将 CSS 文件中的代码转译成符合 CommonJS 规范的 JavaScript 代码。
- style-loader：用于将 css-loader 产生的转译结果进一步转译成 HTML 中的<style>标签。
- babel-loader：用于将使用 ES6 标准编写的代码转译成符合早期标准的 JavaScript 代码。
- vue-loader：用于将 Vue 专用文件中的代码转译成普通的 JavaScript 代码。

　　除此之外，如果项目中还包含对图片文件的处理，就还需要用到 file-loader、url-loader 等预处理器。当然，这些组件都需要通过在项目的根目录下执行 npm install <组件名> --save-dev 命令来将它们安装到项目中。待一切安装完成之后，我们就可以配置这些预处理器。在 config 对象中，配置预处理器是通过定义 module 成员的 rules 属性来完成的。该 rules 属性是数组类型的对象，其中的每个元素对象都代表一个指定类型的文件所要使用的预处理器，通常需要配置以下两个基本属性。

- test 属性：该属性的值是一个正则表达式，主要用于通过文件扩展名来指定待处理目标的文件类型。
- use 属性：该属性用于指定由 test 属性所指定的类型文件应该使用的预处理器。

下面是一个基本的 Vue.js 项目的预处理器配置。

```
const path = require('path');

const config = {
    entry:  {
        main: path.join(__dirname,'src/main.js'),
        liba: path.join(__dirname,'liba/index.js')
    },
    output: {
        filename: '[name].js',
        path: path.join(__dirname,'./public/')
    },
    module: {
        rules: [
            {
                test: /\.vue$/,
                loader: 'vue-loader'
            },
            {
                test: /\.js$/,
                loader: 'babel-loader'
            },
            {
                test: /\.css/,
                use: [
                    'style-loader',
                    'css-loader'
                ]
            }
        ]
    }
    // 其他配置
};

module.export = config;
```

在某些情况下，对于一些特殊类型的文件，我们还可以使用多个预处理器来对它进行转译。例如在处理 CSS 样式文件时，css-loader 只能将它转译成符合 CommonJS 规范的 JavaScript 代码，使我们可以在 JavaScript 代码中使用 import Styles from './style.css'这样的语句将名为 style.css 的 CSS 文件作为一个模块导入。但如果我们想让这个模块中定义的样式真正产生效果，还需要用 style-loader 将其转译成内嵌到 HTML 文件中的<style>标签才行。为相同类型的文件配置多个预处理器的方式也非常简单，只需要将 use 属性的值设置为一个可列举预处理器名称的数组即可。webpack 会按照数组中设定的先后顺序来递归地进行转译工作。

6.1.2.4　plugins 成员：配置插件选项

预处理器只能负责将一些 ES6 标准的模块或非 JavaScript 类型的文件转换成符合早期标准的 JavaScript 模块。但如果想让 webpack 在打包过程中执行一些更复杂的任务，就需要用到它更为灵活的插件机制。例如在基于 Vue.js 框架的项目实践中，程序员通常会选择将应用程序的源码保存在 src 这样的源码目录中，然后由 webpack 根据源码目录中的 HTML 模板、Vue 组件以及一般性的 JavaScript 脚本来产生真正要部署在服务器上的应用程序，后者通常会被保存在 dist 或 public 这样的产品目录中。在这种情况下，webpack 的输出结果中就不只有 JavaScript 文件，其中至少还会包含已经引入打包结果之后的 HTML 页面。而输出 HTML 页面并不是 webpack 本身具备的功能，在之前的示例配置中，这个功能是依靠 HtmlWebpackPlugin 插件来实现的。下面我们就以该插件为例来介绍一下如何配置 webpack 的插件，其基本步骤如下。

1. 和预处理器一样，在使用 HtmlWebpackPlugin 插件之前，我们也需要在项目的根目录下执行 npm install html-webpack-plugin --save-dev 命令，以便将该插件安装到项目中。

2. 在安装完插件之后，我们需要使用 CommonJS 规范将 HtmlWebpackPlugin 插件作为一个对象类型引入 webpack.config.js 配置文件中，具体做法就是在文件的开头加入如下语句。

```
const HtmlWebpackPlugin = require('html-webpack-plugin');
```

3. 在 config 对象中，我们是通过定义其 plugins 成员来进行插件配置的。该成员的值是数组类型的对象，其中的每个元素对象都代表一个插件，我们可以通过 new 操作符来创建 HtmlWebpackPlugin 插件对象，其具体代码如下。

```
const path = require('path');
const HtmlWebpackPlugin = require('html-webpack-plugin');

const config = {
    entry: {
        main: path.join(__dirname,'src/main.js')
```

```
        },
        output: {
            path: path.join(__dirname,'./public/'),
            filename: 'js/[name]-bundle.js'
        },
        plugins:[
            new HtmlWebpackPlugin({
                template: path.join(__dirname, 'src/index.htm')
            })
        ]
        // 其他配置
    };

    module.exports = config;
```

在上述配置中，我们在创建 HtmlWebpackPlugin 插件实例时还通过 template 参数为其指定了模板文件。这样一来，webpack 就会根据 src 目录下的 index.htm 文件来产生输出到 public 目录中的 HTML 页面。另外，如果项目中有多个 HTML 页面要输出，解决方案也非常简单，就是在 plugins 成员中创建相应数量的 HtmlWebpack Plugin 插件实例，其示例代码如下。

```
plugins: [
    new HtmlWebpackPlugin({
        filename: 'index.html',
        template: path.join(__dirname, 'src/index.htm')
    }),
    new HtmlWebpackPlugin({
        filename: 'list.html',
        template: path.join(__dirname, 'src/list.htm')
    }),
    new HtmlWebpackPlugin({
        filename: 'message.html',
        template: path.join(__dirname, 'src/message.htm')
    })
]
```

在上述插件配置中，我们创建了 3 个 HtmlWebpackPlugin 插件实例，它们会在 public 目录中分别输出 index.html、list.html 和 message.html 这 3 个 HTML 页面。正如读者所看到的，我们这一次在创建 HtmlWebpackPlugin 插件实例时，除了使用 template 参数指定输出页面的模板文件，还用 filename 参数指定了输出页面的文件名。当然，如果还想对输出页面进行更多的设置，我们还可能会用到下面这些常用参数。

- **title**：该参数用于生成输出页面的标题。其作用相当于在输出页面中插入下面这样一个带模板语法的<title>标签。

```
<title>((o.htmlWebpackPlugin.options.title}}</title>
```

- **templateContent**：该参数用于以字符串或函数的形式指定输出页面的 HTML 模板，当该参数被配置为函数形式时，它既可以直接返回模板字符串，也可以用异步调用的方式返回模板字符串。需要注意的是，该参数不能与 template 同时出现在 HtmlWebpackPlugin 对象的构造函数调用中，我们必须在两者之间选其一。

- **inject**：该参数用于指定向由 template 或 templateContent 指定的 HTML 模板中插入资源引用标签的方式，它主要有以下 3 种配置。
  - true 或 body：将资源引用标签插入<body>标签的底部。
  - head：将资源引用标签插入<head>标签中。
  - false：在 HTML 模板中插入资源引用标签。

　　需要说明的是，以上列出的只是 HtmlWebpackPlugin 插件中一部分常用的配置参数，如果读者想更全面地了解创建该插件时可以使用的参数，可以自行查阅 HtmlWebpack-Plugin 插件的官方文档[1]。我们在这里只是借用该插件来介绍配置 webpack 插件的基本步骤，出于篇幅方面的考虑，就不进一步展开讨论。当然，除了用于输出 HTML 页面的 HtmlWebpackPlugin 插件，在 Vue.js 项目中可能还会用到其他功能的插件。下面，我们就来介绍几个常用的 webpack 插件。

- **VueLoaderPlugin 插件**：该插件的主要作用是将我们在其他地方定义的规则复制并应用到 Vue 专用文件里相应语言的标签中。例如在下面的示例中，我们用于匹配/\.js$/的规则也将会被应用到 Vue 专用文件里的<script>标签中。这意味着，该标签中使用 ES6 标准编写的代码也会被 babel-loader 预处理器转译。

```
const path = require('path');
const VueLoaderPlugin = require('vue-loader/lib/plugin');
const HtmlWebpackPlugin = require('html-webpack-plugin');

const config = {
    entry: {
        main: path.join(__dirname,'src/main.js')
    },
    output: {
        path: path.join(__dirname,'./public/'),
        filename: 'js/[name]-bundle.js'
    },
    plugins:[
        new VueLoaderPlugin(),
```

---

1 读者如有兴趣可自行在 GitHub 上搜索 "Html-Webpack-Plugin" 关键字，找到该插件所在的项目及其官方文档。

```javascript
            new HtmlWebpackPlugin({
                template: path.join(__dirname, 'src/index.htm')
            })
        ],
        module: {
            rules: [
                {
                    test: /\.vue$/,
                    loader: 'vue-loader'
                },
                {
                    test: /\.js$/,
                    loader: 'babel-loader'
                }
                // 其他预处理器配置
            ]
        }
        // 其他配置
};

module.exports = config;
```

- **CleanWebpackPlugin 插件**：该插件主要用于在打包工作开始之前清理上一次打包产生的输出文件，它会根据我们在 output 成员中配置的 path 属性值自动清理文件夹，其具体示例代码如下。

```javascript
const path = require('path');
const HtmlWebpackPlugin = require('html-webpack-plugin');
const { CleanWebpackPlugin } = require('clean-webpack-plugin');

const config = {
    entry: {
        main: path.join(__dirname,'src/main.js')
    },
    output: {
        path: path.join(__dirname,'./public/'),
        filename:'js/[name]-bundle.js'
    },
    plugins:[
        new HtmlWebpackPlugin({
            template: path.join(__dirname, 'src/index.htm')
        }),
        new CleanWebpackPlugin()
    ]
    // 其他配置
```

```
};

module.exports = config;
```

- **ExtractTextPlugin 插件**：该插件主要用于在打包时产生独立的 CSS 样式文件，从而避免因将样式代码打包在 JavaScript 代码中可能引起的样式加载错乱现象，其具体示例代码如下。

```
const path = require('path');
const HtmlWebpackPlugin = require('html-webpack-plugin');
const ExtractTextPlugin = require('extract-text-webpack-plugin');

const config = {
    entry: {
        main: path.join(__dirname,'src/main.js')
    },
    output: {
        path: path.join(__dirname,'./public/'),
        filename: 'js/[name]-bundle.js'
    },
    plugins:[
        new HtmlWebpackPlugin({
            template: path.join(__dirname, 'src/index.htm')
        }),
        new ExtractTextPlugin(
            path.join(__dirname, 'src/styles/main.css')
        )
    ]
    // 其他配置
};

module.exports = config;
```

- **PurifyCssWebpack 插件**：该插件主要用于清除指定文件中重复或多余的样式代码，以减小打包之后的文件体系，其具体示例代码如下。

```
const path = require('path');
const glob = require('glob');
const HtmlWebpackPlugin = require('html-webpack-plugin');
const PurifyCssWebpack = require('purifycss-webpack');

const config = {
    entry: {
        main: path.join(__dirname,'src/main.js')
    },
```

```
    output: {
        path: path.join(__dirname,'./public/'),
        filename: 'js/[name]-bundle.js'
    },
    plugins:[
        new HtmlWebpackPlugin({
            template: path.join(__dirname, 'src/index.htm')
        }),
        new PurifyCssWebpack({
            paths: glob.sync(path.join(__dirname, 'src/*.htm')),
        })
    ]
    // 其他配置
};

module.exports = config;
```

- **CopyWebpackPlugin 插件**：在默认情况下，webpack 在打包时是不会将我们在 src 源码目录中使用的图片等静态资源复制到输出目录的，该插件却能很好地完成这方面的工作，其具体示例代码如下。

```
const path = require('path');
const HtmlWebpackPlugin = require('html-webpack-plugin');
const CopyWebpackPlugin = require('copy-webpack-plugin');

const config = {
    entry: {
        main: path.join(__dirname,'src/main.js')
    },
    output: {
        path: path.join(__dirname,'./public/'),
        filename: 'js/[name]-bundle.js'
    },
    plugins:[
        new HtmlWebpackPlugin({
            template: path.join(__dirname, 'src/index.htm')
        }),
        new CopyWebpackPlugin({
            patterns: [{
                from: path.join(__dirname, 'src/img/*.png'),
                to: path.join(__dirname, 'public/img', 'png'),
                flatten: true
            }]
        )
    ]
    // 其他配置
};

module.exports = config;
```

6.1.2.5   resolve 成员：配置路径解析

另外，如果觉得每次使用 import 语句引入 Vue.js 框架时都需要手动输入 vue.esm. browser.js 这么长的文件名（况且还包含路径）是一件非常麻烦的事情，那么可以通过定义 config 对象的 resolve 成员来简化框架文件的引用方式。例如，我们可以通过 resolve 成员的 alias 属性为该框架文件设置一个别名，具体代码如下。

```
const path = require('path');
const VueLoaderPlugin = require('vue-loader/lib/plugin');
const HtmlWebpackPlugin = require('html-webpack-plugin');

const config = {
    entry: {
        main: path.join(__dirname,'src/main.js')
    },
    output: {
        path: path.join(__dirname,'./public/'),
        filename: 'js/[name]-bundle.js'
    },
    plugins:[
        new VueLoaderPlugin(),
        new HtmlWebpackPlugin({
            template: path.join(__dirname, 'src/index.htm')
        })
    ],
    module: {
        rules: [
            {
                test: /\.vue$/,
                loader: 'vue-loader'
            },
            {
                test: /\.js$/,
                loader: 'babel-loader'
            },
            {
                test: /\.css/,
                use: [
                    'style-loader',
                    'css-loader'
                ]
            }
        ]
    },
```

```
resolve: {
    alias: {
        'vue$': 'vue/dist/vue.esm.js'
    }
}
};


module.exports = config;
```

　　需要留意的是，由于 webpack 的打包工作是在程序员所在的开发环境中进行的，所以这里引用的应该是 vue.esm.js 文件，而不是直接在浏览器中使用的 vue.esm.browser.js 文件。在完成上述配置之后，我们在 JavaScript 代码中就可以直接使用 import Vue from 'vue'语句来引入 Vue.js 框架，这既可大大增加代码的整洁度，也可降低程序员输入出错的概率。

6.1.2.6　mode 成员：配置打包模式

　　最后，我们还需要通过定义 config 对象的 mode 成员来配置 webpack 所要采用的打包模式。webpack 主要有生产环境模式（mode 成员的值为 production）和开发环境模式（mode 成员的值为 development）两种打包模式。这两种模式的主要区别是：在生产环境模式下，webpack 会自动对项目中的代码文件采取一系列优化措施，这可以免除程序员许多手动调整配置的麻烦。例如在下面的配置中，我们将项目的打包模式设置成了生产环境模式。

```
const path = require('path');
const HtmlWebpackPlugin = require('html-webpack-plugin');
const { CleanWebpackPlugin } = require('clean-webpack-plugin');


const config = {
    entry: {
        main: path.join(__dirname,'src/main.js')
    },
    output: {
        path: path.join(__dirname,'./public/'),
        filename:'js/[name]-bundle.js'
    },
    plugins:[
        new HtmlWebpackPlugin({
            template: path.join(__dirname, 'src/index.htm')
        }),
        new CleanWebpackPlugin()
    ],
    // 其他配置
```

```
    mode: 'production'
};

module.exports = config;
```

6.1.3　实现自动化打包

　　在掌握了上述基本打包选项的设置方法之后，我们就可以利用 webpack 完成一般性的前端项目打包工作。接下来对我们的开发环境做一些基本的配置，以实现打包工作的自动化，从而让前端项目的开发、测试和部署工作更为便捷、高效。

6.1.3.1　项目环境配置

　　该配置工作的基本步骤如下。

1. 创建一个用于演示 webpack 打包配置的前端项目，项目的位置和名称可以是任意的，我们在这里将其创建在之前的 code 目录中，并将项目命名为 03_Webpack Demo。该项目的初始结构设置如下。

```
03_WebpackDemo
├── src
│   ├── index.htm
│   ├── main.js
│   └── sayHello.vue
└── public
```

2. 使用 npm init -y 命令初始化项目，并将要用到的预处理器和插件安装到项目中。

3. 在项目根目录下执行 npm install webpack webpack-cli --save-dev 命令，将 webpack 工具安装到项目中。

4. 在项目根目录下创建 webpack.config.js 文件，并根据之前所学知识来配置 webpack 打包选项，如下所示。

```
const path = require('path');
const VueLoaderPlugin = require('vue-loader/lib/plugin');
const HtmlWebpackPlugin = require('html-webpack-plugin');
const { CleanWebpackPlugin } = require('clean-webpack-plugin');

const config = {
    mode: 'development',
    entry: {
        main: path.join(__dirname,'src/main.js')
    },
```

```
    output: {
        path: path.join(__dirname,'./public/'),
        filename: 'js/[name]@[chunkhash].js'
    },
    plugins:[
        new VueLoaderPlugin(),
        new HtmlWebpackPlugin({
            template: path.join(__dirname, 'src/index.htm')
        }),
        new CleanWebpackPlugin()
    ],
    module: {
        rules: [
            {
                test: /\.vue$/,
                loader: 'vue-loader'
            },
            {
                test: /\.js$/,
                loader: 'babel-loader'
            },
            {
                test: /\.css/,
                use: [
                    'style-loader',
                    'css-loader'
                ]
            }
        ]
    },
    resolve: {
        alias: {
            'vue$': 'vue/dist/vue.esm.js'
        }
    }
};

module.exports = config;
```

5. 在项目根目录下将 `package.json` 文件中的 `scripts` 选项修改如下。

```
"scripts": {
    "build": "webpack"
}
```

至此，我们就可以在项目的根目录下执行 `npm run build` 命令来使用 webpack-cli，该命令在终端中的执行效果如图 6-2 所示。

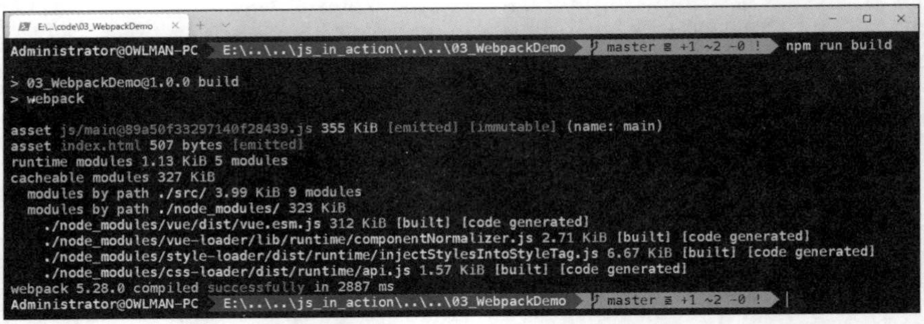

图 6-2 使用 webpack-cli 的执行效果

6.1.3.2 开发环境配置

如果读者觉得在开发环境中，每次修改代码之后都要重新手动执行 npm run build 命令是一件效率过低的事，我们还可以在 webpack.config.js 配置文件中为 config 对象添加一个名为 devtool 的成员，并将成员的值设置为 source-map 或 inline-source-map，打开 source maps 选项，然后就可以用以下两种方法来进一步实现打包的自动化。

方法 1，启用 webpack-cli 工具的 watch 模式。

开启该模式的具体做法就是在项目根目录下修改 package.json 文件中的 scripts 选项，为 webpack 命令加上 --watch 参数，像以下这样。

```
"scripts": {
    "build": "webpack --watch"
}
```

这样一来，当我们再使用 webpack-cli 进行打包时，该工具就开启了 watch 模式。在该模式下，一旦项目依赖关系图中的任意模块发生变化，webpack-cli 工具就会自动对项目进行重新打包。

方法 2，搭建 webpack-dev-server 服务器。

该服务器不仅会在打包之后自动调用 Web 浏览器打开我们正在开发的应用程序，而且一旦检测到项目依赖关系图中的文件发生变化，就会对项目进行重新打包，并命令浏览器重新载入应用程序，基本实现"所见即所得"的开发体验。下面，就让我们来具体介绍搭建 webpack-dev-server 服务器的基本步骤。

1. 在项目根目录下执行 npm install webpack-dev-server --save-dev 命令将服务器组件安装到项目中。
2. 在 webpack.config.js 配置文件中为 config 对象添加一个名为 devServer 的成员，并将成员的 contentBase 值设置如下。

```
const config = {
    // 其他配置选项
    devServer: {
        contentBase: path.join(__dirname,'./public/')
    }
};

module.exports = config;
```

3. 在项目根目录下将 `package.json` 文件中的 `scripts` 选项修改如下。

```
"scripts": {
    "build": "webpack --watch",
    "start": "webpack-dev-server --open"
}
```

在完成上述配置之后，读者只需要在项目根目录下执行 `npm run start` 命令就可以启动 webpack-dev-server 服务器。如果服务器的启动过程"一切正常"，我们就会看到 Web 浏览器自动打开应用程序。然后可以继续试探性地修改一些代码，并查看浏览器中的内容是否进行了实时更新。当然，"一切正常"的前提是这里所使用的 webpack-dev-server 服务器组件与我们安装的 webpack-cli 在版本上是相匹配的。毕竟截至作者撰写本章内容的这一刻，该服务器组件还不能支持最新版本的 webpack-cli。一旦遇到了这种情况，我们就需要在安装 webpack 和 webpack-cli 时为其指定与 webpack-dev-server 服务器组件相匹配的版本。指定的方式非常简单，在安装命令中输入的组件名称后面加上 [@ 版本信息] 即可，例如像以下这样。

```
npm install webpack@4.39.2 --save-dev
npm install webpack-cli@3.3.12 --save-dev
```

当然，上述演示所构建的只是一个基本的 webpack-dev-server 服务器，我们还可以在 config 对象的 devServer 成员中为该服务器定义更详细的配置信息，例如指定服务器使用的端口、是否开启热更新模式等。如果读者想详细了解这些配置的作用和具体的定义方法，可以自行搜索并查阅 webpack-dev-server 服务器的官方文档。

6.2　项目脚手架工具

在学习了如何使用 webpack 这类打包工具来实现项目的自动化打包之后，相信读者心中可能会产生一个疑问：难道每一次创建项目都需要进行那么复杂的配置工作吗？在这个配置过程中，程序员不仅需要手动设置项目结构，安装项目中用到的各种框架、第三方库和 webpack 组件，甚至有时候还需要手动解决这些框架、库与组件之间可能存在的版本兼容问题，工作之烦琐确实会让人望而却步。事实上，这些配置工作在具体的项目实践中通常也是利用特定的自动化工具来完成的。之所以不鼓励初学者一开始就使用这类自动化工具，主要是因为作为一个初学者，应该先亲自体验前端项目的构建与配置过程，以便日后在使用这类自动化工具来创建项目时能清晰地知道它们为我们做了哪些事。只有这样，我们才有能力在项目出问题或发生其他变化时，根据实际情况来调整这些自动生成的配置。具体在基于 Vue.js 2.x 的项目中，程序员通常是借助 Vue CLI 这个由 Vue.js 官方开发团队提供的脚手架工具来创建项目的。下面具体介绍使用 Vue CLI 构建 Vue.js 2.x 项目的基本步骤。

6.2.1　安装 Vue CLI 工具

和大多数基于 JavaScript 构建的软件工具一样，Vue CLI 通常也是使用 npm install <软件包名>命令来安装的。但与我们之前安装的框架、第三方库与 webpack 组件不同的是，由于该工具是用来创建项目本身的，所以它的工作权限应该在被创建项目所在的权限层次之上，为此我们需要在安装命令中使用--global 或-g 参数来进行全局安装。具体安装方式就是在计算机中的任意位置打开命令行终端程序，并在其中执行如下命令。

```
npm install @vue/cli --global
```

待安装完成之后，我们可以使用 vue --version 命令来查看 Vue CLI 工具的版本信息。这里需要特别说明的是，我们在这里使用的是 2.9.6 这个版本之后的 Vue CLI，如果读者更习惯使用旧版本的 Vue CLI，可以另外再通过执行 npm install @vue/cli-init --global 命令来安装其向后兼容的工具包。由于新版本的 Vue CLI 生成的项目结构相较于老版本的更为简单、清晰，也更便于接下来要展开的项目结构详解工作，所以我们在这里将以 4.5.12 版本的 Vue CLI 展开讨论。

6.2.2　创建并初始化项目

在正确地安装完 Vue CLI 之后，我们就可以使用 vue create <项目名称>命令来创建并初始化一个基于 Vue.js 框架的前端项目。需要特别说明的是，虽然<项目名称>在理论上可以是我们喜欢的任意名称，但它实际上应该遵守程序员所在开发环境的命名规则，例如名称中不应该有大写字母。换言之，如果我们想创建一个名为 04_vueclidemo 的示例项目，就需要在 code 目录下执行以下命令。

```
vue create 04_vueclidemo
```

在执行上述命令后，Vue CLI 会用问答的形式让我们做一些选择。

● 首先，Vue CLI 会要求选择新建项目时要使用的预置模板，这里将先讨论 Vue.js 2.x 项目的默认模板。待第 7 章具体讨论项目实践时，我们再介绍如何使用手动模式来配置项目。而对基于 Vue.js 3.x 的项目，我们将会在 6.3 节中为读者介绍一个更为便捷的工具。

- 如果是第一次使用 Vue CLI，它可能还会要求指定新项目的包管理器。在这里，我们选择继续使用 NPM 包管理器。

在回答完上述问题之后，Vue CLI 就会自动去调用 NPM 包管理器来安装新项目所需要的全部组件。待一切安装完成时，读者会看到命令行终端中输出如下信息。

```
Get started with the following commands:

$ cd 04_vueclidemo
$ npm run serve
```

上述信息提示了用户接下来要执行的操作命令，我们只需要根据提示进入 04_vueclidemo 项目根目录中，并执行 npm run serve 命令来启动 Vue CLI 为用户配置好的开发服务器，然后根据其输出的信息用 Web 浏览器打开 http://localhost：8080/这个 URL，届时就会看到一个依据项目模板构建的"Hello, World"示例程序，其效果如图 6-3 所示。

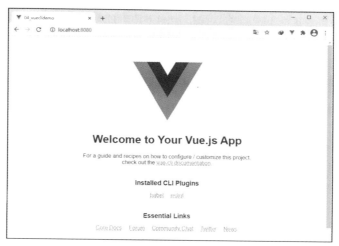

图 6-3　Vue CLI 生成的"Hello, World"示例程序

需要说明的是，由于执行 npm run serve 命令启动的是一个热部署的开发服务器，所以通常在项目中是看不到 webpack 工具的输出文件的。如果希望像之前一样看到其打包之后产生的输出文件，我们就需要另外在项目的根目录下执行 npm run build 命令，在该目录下便会生成一个名为 dist 的目录，该目录中存放的就是我们想要查看的输出文件。

6.2.3　示例项目详解

下面，让我们来详细分析这个由 Vue CLI 根据其 webpack 模板构建的示例项目，看看该脚手架工具究竟为我们生成了哪些东西，先从项目的整体目录结构开始。虽然用脚手架工具生成的项目结构有时会因 Vue CLI 自身及其所用的 webpack 模板在版本上的不同而发生一些细微的变化，但我们在文件管理器这一类软件中看到的项目整体结构应该是大同小异的，下面是 vue-cil 4.5.12 使用 Vue.js 2.x 项目的默认模板生成的项目结构。

```
04_vuecliDemo
├── dist                            # 存放项目输出文件的目录
├── node_modules                    # 存放项目依赖项的目录
├── public                          # 存放不参与编译的资源文件的目录
│   ├── favicon.icon                # 项目使用的图标文件
│   └── index.html                  # 项目的入口页面文件
├── src                             # 存放项目源码的目录
│   ├── assets                      # 存放将参与编译的资源文件的目录
│   │   └── logo.png                # 示例图片类型的资源文件
│   ├── components                  # 存放自定义组件的目录
│   │   └── HelloWorld.vue          # 自定义组件示例文件
│   ├── App.vue                     # 应用程序的根组件定义文件
│   └── main.js                     # 应用程序的入口文件
├── babel.config.js                 # Babel 转译器的配置文件
├── .gitignore                      # 需要被 Git 版本控制系统忽略的文件列表
├── README.md                       # 项目的自述文件
├── package-lock.json               # NPM 包管理器的锁定配置文件
└── package.json                    # NPM 包管理器的配置文件
```

虽然我们在上述结构示意中用注释的形式详细说明了项目中每个目录和文件的作用，但在多数情况下，项目中的绝大部分文件是不需要程序员进行过多干预的。即使要解决一些配置问题，依据我们之前所学习的知识在相应的配置文件中做一些**谨慎的微调**即可。例如通过 package.json 调整项目中的组件依赖关系，通过自行创建一个名为 vue.config.js 的文件来添加自定义的 **webpack** 配置等。除了这些维护工作，前端开发的主要工作都会在 src 目录中进行。下面就让我们重点讨论该目录下的内容。首先要关注的是 main.js 文件，其中所编写的代码如下所示。

```
import Vue from 'vue';
import App from './App.vue';

Vue.config.productionTip = false;

new Vue({
    render: h => h(App),
}).$mount('#app');
```

该文件定义的是整个应用程序的入口模块，我们对它所做的事情也非常熟悉了。具体来说就是：上述代码会引入 Vue.js 框架文件和一个名为 App.vue 的组件文件，并创建一个 Vue 对象实例。在这个过程中，App.vue 文件中定义的组件会被注册到这个新建的 Vue 对象实例中,而后者会通过其 render 参数所设置的函数将 public 目录下的 index.html 中的<div id='app'>标签替换成 App 组件所对应的标签。接下来，让我们继续查看定义该组件的 App.vue 文件，其中的代码如下所示。

```
<template>
    <div id="app">
        <img alt="Vue logo" src="./assets/logo.png">
        <HelloWorld msg="Welcome to Your Vue.js App"/>
    </div>
</template>
<script>
    import HelloWorld from './components/HelloWorld.vue';

    export default {
        name: 'App',
        components: {
            HelloWorld
        }
    };
</script>
<style>
    #app {
        font-family: Avenir, Helvetica, Arial, sans-serif;
        -webkit-font-smoothing: antialiased;
        -moz-osx-font-smoothing: grayscale;
        text-align: center;
        color: #2c3e50;
        margin-top: 60px;
    }
</style>
```

在 Vue.js 项目实践中，程序员通常会选择将用户界面中的组件组织成一个与 HTML DOM 类似的树状结构。而 App.vue 文件中定义的就是整个用户界面的根组件。在该根组件的定义中，我们可以看到它又引入了一个名为 HelloWorld 的示例组件，并将它注册为自身的子组件。在今后的工作中，我们就可以依照根组件引入示例组件的方式在用户界面中添加自定义组件。例如，如果想将之前在 03_WebpackDome 项目中定义的 sayHello 组件加载到当前应用程序的用户界面中，我们只需要执行以下步骤。

1. 安装项目的既定规范,将自定义组件所在的 sayHello.vue 文件存放到项目根目录下的 src/components 目录中。
2. 在 App.vue 文件中将根组件的定义内容修改如下。

```
<template>
    <div id="app">
        <h1>使用 Vue CLI 构建项目</h1>
```

```
            <say-hello :who="who"/>
        </div>
    </template>
    <script>
        import sayHello from './components/sayHello';

        export default {
            name: 'App',
            components: {
                'say-hello': sayHello
            },
            data: function() {
                return {
                    who:'Vue'
                }
            }
        };
    </script>
    <style>
        #app {
            padding: 10px;
            background: black;
            color: floralwhite;
        }
    </style>
```

最后，如果在开发过程中需要用到图片、JSON 文件、独立的 CSS 样式文件等资源性文件，我们也同样应该按照项目规范将它们存放在项目根目录下的 src/assets 目录中，并且在条件允许的情况下，最好能做到分门别类地存放这些文件。这里所谓的分门别类指的是：我们可以在 assets 目录下按照资源类型来创建一系列子文件夹以实现文件的分类存储。例如，图片文件可以存放在 assets/img 目录中，而 CSS 样式文件则可以存放在 assets/styles 目录中，以此类推。

6.3　前端构建工具

对基于 Vue.js 3.x 的项目来说，使用尤雨溪先生为其量身打造的 Vite 构建工具来创建项目或许是一个更为便捷的选择。根据官方文档的说明，Vite 是一种全新的前端构建工具，读者可在概念上将其理解为一套集成了开发服务器+打包工具的自动化项目构建工具，它相较于 Vue CLI + webpack 的组合主要具有以下优势。

- Vite 使用的是支持 ES6 模块机制的源码构建工具（即 ESBuild），其在构建效率上要明显好于使用 CommonJS 模块机制的 webpack 这类打包工具。当然，在主流浏览器普遍支持 ES6 模块机制之前，使用 webpack 这类工具也是一个合情合理的权宜之计。但如今这个问题已经得到了很大程度的改善，或许也是时候做出更好的选择了。

- 在使用 Vue CLI + webpack 这套组合工具的时候，由于我们启动的是基于 webpack 这类打包工具的开发服务器，所以每次都必须先打包完成整个项目才能启动服务器，这通常需要花费不少时间。而且项目的规模越大，服务器启动所花费的时间就越多，有时候甚至要等上十几分钟，这会严重影响我们的开发效率。而 Vite 则选择在一开始就将项目中的模块区分为**依赖项**和**项目源码**两大类，并根据项目依赖项并不会经常发生变化的特点对这两类模块加以分别处理，这样做就会大大加快开发服务器启动，我们的开发体验也会因此得到很大程度的改善。

- Vue CLI+webpack 这套组合工具只能用于构建基于 Vue.js 框架的项目，而 Vite 2.0 已经对 Vue.js、React.js、Preact.js 等框架提供了支持，是一个更为通用的前端项目构建工具。学会了该工具的使用方式，也许就能免去我们学习其他框架专用工具的麻烦。

在了解了为什么在构建基于 Vue.js 3.x 的项目时 Vite 是一个更便捷的选择之后，下面就让我们通过构建示例项目来演示使用 Vite 构建项目的过程。首先，我们需要在 code/vue3_study 目录下执行 npm init @vitejs/app 02_vitejsDemo 命令，创建一个名为 02_vitejsDemo 的项目。同样地，在该命令的执行过程中，它会以问答的形式要求我们做出以下选择。

- **Package name**：该问题要求确认项目的名称。在这里，我们可以修改名称，也可以直接按「Enter」键使用命令中指定的名称。
- **Select a template**：该问题要求选择一个用于构建项目要使用的模板。在这里，我们只需要在弹出的列表中选择 Vue 模板即可。

在回答完上述问题之后，读者会看到命令行终端中输出如下信息。

```
Done. Now run:

cd 02_vitejsDemo
npm install
npm run dev
```

上述信息提示了用户接下来要执行的操作命令，我们只需要根据提示进入 02_vite jsDemo 项目根目录中，并执行 npm install 和 npm run dev 这两个命令来安装项目依赖项并启动 Vite 的开发服务器，然后根据其输出的信息用 Web 浏览器打开 http://localhost:3000/这个 URL，届时就会看到一个依据项目模板构建的"Hello,World"示例程序，其效果如图 6-4 所示。

图 6-4　Vite 生成的 "Hello, World" 示例程序

　　需要说明的是，如果读者使用的是 Windows 操作系统，在执行 npm run dev 命令时有可能会报出 ESBuild 程序不存在的错误。在这种情况下，我们在项目根目录下执行 node.\node_modules\esbuild\install.js 命令手动安装该程序，然后重新执行 npm run dev 命令即可。另外，执行 npm run dev 命令启动的是一个热部署的开发服务器，所以通常在项目中是看不到项目构建结果的。如果希望看到项目在构建过程中产生的文件，我们也需要另外在该项目的根目录下执行 npm run build 命令，同样会生成一个名为 dist 的目录，该目录中存放的就是我们想查看的文件。下面，让我们来看一下 Vite 所生成项目的目录结构。

```
02_vitejsDemo
├── dist                          # 存放项目输出文件的目录
├── node_modules                  # 存放项目依赖项的目录
├── public                        # 存放不参与编译的资源文件的目录
│   └── favicon.icon              # 项目使用的图标文件
├── src                           # 存放项目源码的目录
│   ├── assets                    # 存放将参与编译的资源文件的目录
│   │   └── logo.png              # 示例图片类型的资源文件
│   ├── components                # 存放自定义组件的目录
│   │   └── HelloWorld.vue        # 自定义组件示例文件
│   ├── App.vue                   # 应用程序的根组件定义文件
│   └── main.js                   # 应用程序的入口文件
├── vite.config.js                # Vite 的配置文件
├── .gitignore                    # 需要被 Git 版本控制系统忽略的文件列表
├── index.html                    # 项目的入口页面文件
├── package-lock.json             # NPM 包管理器的锁定配置文件
└── package.json                  # NPM 包管理器的配置文件
```

正如读者所见，Vite 所生成项目的目录结构与我们之前用 Vue CLI 所生成的项目的目录结构基本是相同的，只有配置文件变成了 `vite.config.js` 文件。需要注意的是，由于 Vite 使用的是 Rollup 这个打包工具及其插件，因此在具体的配置方法上会与 webpack 存在许多的不同之处，Rollup 更为强大的插件体系也赋予了 Vite 更灵活的扩展能力。如果读者对这些扩展插件有兴趣，也可以自行搜索并查阅 Vite 的官方文档做深入研究，我们在这里基于篇幅的考虑，就不展开讨论。

6.4 本章小结

在本章中，我们首先介绍了使用自动化工具来构建项目的必要性。然后以 webpack 为例介绍了如何使用打包工具对项目中的各类型文件进行转译和压缩处理，并构建可发布的应用程序。在这个过程中，我们带读者了解了 webpack 的基本配置选项，以及各类型预处理器和插件的安装和使用方法。最后，为了打消读者因 webpack 的配置工作过于烦琐而产生的畏难心理，我们还分别演示了如何用 Vue CLI 脚手架工具构建 Vue.js 2.x 项目，以及如何用 Vite 前端构建工具构建 Vue.js 3.x 项目的基本步骤，为在后续章节中基于具体项目的实践讨论打下了一个良好的基础。

到这里，我们已经顺利地完成了本书第一部分的任务，为读者提供了一份快速上手 Vue.js 框架的指南。接下来，是时候具体讨论前端项目的具体实践过程了。

PC 端浏览器项目实践

本书的第二部分内容将会模拟基于 PC 端浏览器构建一个功能较为简单的短书评应用程序，通过这个应用程序的构建过程，我们将具体介绍如何利用 Vue.js 框架，以 RESTful API 为后端服务创建面向 PC 端浏览器的现代互联网应用程序。具体而言，我们将用 3 章来分别讨论前端工程师在构建一个 Vue.js 2.x 项目时需要面对的主要议题。

- 第 7 章　构建服务端 RESTful API。
- 第 8 章　PC 端浏览器应用开发（上篇）。
- 第 9 章　PC 端浏览器应用开发（下篇）。

需要事先说明的是，为了便于在书中展现项目的整个实践过程，我们会对项目中一些非重要的细节进行简化。因此，如果读者希望将本项目部署到具体的生产环境中去使用，还应该自行完善用户界面的美工设计等，并对用户输入的数据进行更严格的安全检查。

第 7 章　构建服务端 RESTful API

在本章中，我们将会为读者介绍如何基于 RESTful 架构来设计并构建一个应用程序的后端服务，以便让读者为接下来构建各类型前端应用打下基础。该服务负责监听并接收来自前端应用的 HTTP 请求，并根据这些请求来生成相应的数据，以作为响应内容返回给前端。读者将会看到，与之前流行的 ASP、PHP、JSP 这类传统的服务器动态页面技术相比，在软硬件环境日益多元化的互联网时代，程序员会更倾向于在服务器上构建基于 RESTful 架构的后端服务。以实现前、后端在业务逻辑上的分离。在学习完本章内容之后，希望读者能够：

- 深入理解什么是 RESTful 架构以及该架构所具有的优势；
- 掌握如何以 RESTful API 的形式在服务器上构建后端服务。

7.1　理解 RESTful 架构

想必使用过 PHP、JSP 这类服务器动态页面技术的程序员应该都知道，在使用传统的动态页面架构构建应用程序的时候，用于描述用户界面的 HTML 页面通常是在服务器上动态生成的，而浏览器接收到的依然是静态页面。在这种情况下，应用程序的用户界面通常是无法针对用户所使用的软硬件环境做出具体调整的，并且用户在绝大多数时候也只能通过 PC 端的 Web 浏览器来使用应用程序。这个问题在互联网用户只能使用 PC 的时代基本是可以忽略的，但在如今这个大量使用平板电脑、智能手机以及手表、手环等各种智能设备的时代，用户所在的软硬件环境是千差万别的，这种构建方法显然就有些难以为继了。为了解决这个问题，业界相继提出了 SOAP、XML-RPC 等设计现代化网络服务的解决方案，而 REST 正是其中被公认为设计得较为简洁的一种方案。

　　REST 这套开发现代化互联网应用程序的解决方案最早是由罗伊·托马斯·菲尔丁（Roy Thomas Fielding）在 2000 年发表的博士论文中提出的[1]，其设计目标是在应用程序的业务逻辑上实现前端与后端的分离，并在它们之间建立相互传递信息的行为规范，从而为应用程序的分布式部署创造基础。在编程方法论中，我们通常将遵守或兼容了这套软件设计规范的软件架构称为 **RESTful 架构**。在接下来要构建的短书评应用程序中，我们就将基于这一架构来实现其后端部分的业务逻辑。当然，在进行具体的项目实践之前，我们还是需要对 RESTful 架构的具体设计规范做基本的介绍。

7.1.1　REST 设计规范

　　REST 这个词是 Representational State Transfer 的英文缩写，在中文中通常被翻译为**表现层状态转换**。在这个词中，表现层指的是互联网中各种资源实体的表现形式。例如，文本类型资源的表现形式既可以是 TXT 格式的文件，也可以是直接在网络中传递的字符串；图片类型资源的表现形式既可以是 PNG 格式的文件，也可以是存储在数据库中的一段二进制数据。简言之，资源的表现层指的就是它在某个具体环境中的表现形式。具体到 HTTP 中，资源的表现层应该就是我们用来定位资源的统一资源标识符（URI）。但 HTTP 在很长一段时间里被认为是一个无状态协议，这意味着，前端在使用 URI 请求相关资源的时候，它并不知道，也无须知道这些资源在后端服务中的具体表现形式。例如，当我们向服务器请求某个图片资源的时候，事实上是无法也不需要知道这个图片资源在后端服务中是一个存储在服务器磁盘上的 PNG 格式的文件，还是存储在数据库中的一段二进制数据。所有的这一切都需要应用程序的后端服务对 URI 这种表现形式进行状态转换，将其转换成指定的资源在服务器上的表现形式，然后才能执行一系列响应前端请求的操作。这里所描述的后端服务针对资源表现形式的整个转换过程及其衍生出来的程序设计思路，就是 REST 提出的解决方案。

　　与简单对象访问协议（Simple Object Access Protocol，SOAP）本身是一个网络协议不同的是，REST 提出的解决方案本质上只是一套程序员在编写软件时需要遵守的设计规范，它本身并没有定义任何新的网络协议和数据格式，相反，这套设计规范是建立在 HTTP、URI、XML 和 JSON 等一系列现有的网络协议和数据格式之上的。按照该设计规范的定义，一个基于 RESTful 架构的应用程序应该具备以下特征。

- 应用程序采用的是 C-S 架构，其前、后端在业务逻辑上是各自独立的，它们的具体分工如下。

---

[1] 罗伊·托马斯·菲尔丁是 HTTP（1.0 版本和 1.1 版本）的主要设计者，同时也是 Apache 服务器软件的作者之一，并曾经担任 Apache 软件基金会的第一任主席。他于 2000 年发表了一篇题为 *Architectural Styles and the Design of Network-based Software Architectures* 的博士论文，这篇论文一直以来被称为 Web 服务设计领域的"圣经"，进而对当今互联网时代的软件设计产生了深远的影响。

- 前端负责的是应用程序的用户界面,它的主要任务是根据用户的操作向后端请求指定的数据资源,并利用后端返回的数据为用户提供良好的使用体验。
- 后端负责的则是应用程序的数据存储和业务运算,它的主要任务是监听并响应前端的请求,利用服务器资源为用户提供海量数据存储与大规模运算的服务。
- 应用程序的前、后端之间只能通过 HTTP 来进行数据交互,并且在交互数据时应该使用 XML 或 JSON 等通用数据格式。在具体交互过程中:
  - 前端在响应用户操作时应该始终以 URI 的形式向其后端所在的服务器请求服务,并在请求时只使用 HTTP 提供的 GET、POST、PUT 和 DELETE 方法来传递自己的请求信息;
  - 后端则只能根据其前端所使用的 HTTP 请求方法和 URI 来对存储在后端的数据执行增、删、改、查等操作,并将处理结果作为响应数据返回给前端。然后,由前端将响应数据以某种友好、可读的方式反馈给用户。

正因为基于 RESTful 架构的应用程序具备上述特征,程序员在开发和部署它们时才能获得一系列明显的优势,从而让 REST 这套设计规范成为当前开发互联网应用程序的主要解决方案之一。在这里,我们可以简单地将这些优势归纳如下。

- **接口统一**:这是 RESTful 架构的设计初衷,它致力于让后端业务逻辑以统一接口的方式向前端提供服务,这样可简化系统架构,降低应用程序前、后端之间的耦合度,以便于程序员在开发整个应用程序时进行模块化分工。
- **分层系统**:RESTful 架构允许在后端构建基于多台服务器的分层系统服务。这意味着,应用程序的前端通常不需要知道自己连接的是最终的服务器,还是资源请求路径上的某台中间服务器。这更有助于我们在部署和维护应用程序时设置更为稳妥的服务器负载策略和其他安全性策略。
- **便于缓存**:正是因为 RESTful 架构构建的是一个分层系统,所以从前端到后端最后一台服务器上所有的节点都可以对一些特定的常用数据进行缓存,以便提升前端界面与后端服务响应用户操作的速度。例如,我们可以在前端对不经常变化的 CSS 样式文件进行缓存,以减少向后端服务发送的请求数量,提升用户界面的加载速度;也可以在后端服务中对经常要执行的数据库查询建立缓存,以提升其响应请求的速度。
- **易于重构**:RESTful 架构实现了应用程序的前、后端在业务逻辑上的分离,降低了它们之间的耦合度,这意味着我们对前端业务逻辑所进行的任何重构都基本上不会对后端服务的实现产生影响。例如我们既可以根据智能手机、PC 等不同类型的设备重构出不同的前端用户界面,也可以在用 JavaScript 基于 Node.js 运行环境编写的程序无法满足性能需求时,使用 Python、Go 等更适用于大规模科学运算的编程语言来重构后端服务。

当然,RESTful 架构的相关特征在应用程序开发中是呈现出优势还是劣势,最终还得取决于程序员的具体使用方法。例如，RESTful 架构是基于 HTTP 这种无状态数据传输协议来进行通信的，这样做虽然有助于降低服务器的负担，并让后端服务的业务逻辑实现更为独立，但同时也意味着应用程序的后端服务无法记录前端的运行状态，前端必须自行利用相关机制（例如 Web 浏览器的会话机制）来记录应用程序的运行状态，以便在必要时将运行状态通报给后端，以减少一些不必要的响应数据。这是在使用 RESTful 架构时需要设法回避一个问题。

7.1.2 设计 RESTful API

通常情况下，我们会将基于 RESTful 架构的后端服务形式称为 RESTful API。根据之前对 REST 设计规范的描述，我们认为 RESTful API 应该具备以下特性。

- 应用程序的前端应使用 POST、GET、PUT 或 DELETE 等 HTTP 请求方法向后端服务发送请求。
- 应用程序的前端在发送请求时应统一使用直观、简短的 URI 来表示自己要请求的资源。
- 应用程序的后端应对 URI 的表现形式进行状态转换，并根据前端使用的 HTTP 请求方法执行响应操作。
- 应用程序的前、后端之间传输的数据应使用 XML、JSON 等通用的格式。

好了，想必读者已经对上面这些概念性的"长篇大论"感到有些不耐烦了，是时候通过示例来具体演示 RESTful API 的设计过程了。正如本章开头所说，我们接下来将会引导大家构建一个功能较为简单的短书评应用程序，那么先从应用程序的后端服务开始吧！从资源角度来考虑，一个短书评应用程序的数据库中至少应该包含用户（users）、图书（books）和书评帖子（posts）3 张数据表，因此我们在该应用程序的后端应该基于 RESTful 架构为前端提供如表 7-1 所示的 API。

表 7-1 短书评应用程序的 RESTful API 设计

HTTP 请求方法	请求路径	API 功能说明
POST	/users/session	用于实现用户登录功能
POST	/users/newuser	用于实现新用户注册功能
GET	/users/<用户的 ID>	用于实现用户信息查看功能
POST	/users/<用户的 ID>	用于实现用户信息修改功能
DELETE	/users/<用户的 ID>	用于实现用户信息删除功能
POST	/books/newbook	用于实现添加新图书的功能
GET	/books/<图书的 ID>	用于实现图书信息查看功能

续表

HTTP 请求方法	请求路径	API 功能说明
POST	`/books/<图书的 ID>`	用于实现图书信息修改功能
DELETE	`/books/<图书的 ID>`	用于实现图书信息删除功能
GET	`/books/list/`	用于列出所有图书
POST	`/posts/newpost`	用于实现添加新书评的功能
GET	`/posts/<书评的 ID>`	用于实现书评帖子查看功能
POST	`/posts/<书评的 ID>`	用于实现书评帖子修改功能
DELETE	`/posts/<书评的 ID>`	用于实现书评帖子删除功能
GET	`/posts/userlist/<用户的 ID>`	用于列出指定用户发表的所有书评
GET	`/posts/booklist/<图书的 ID>`	用于列出关于指定图书的所有书评

请注意，上述表格中列出的"请求路径"并非完整的 URI。按照 REST 设计规范，完整的 URI 还应该包含调用 API 所使用的通信协议（通常是 HTTP 或 HTTPS）、API 所在服务器的域名与端口号等相关信息。除此之外，如果我们还想兼顾 API 未来被重构之后可能引发的向后兼容问题，有时候也会选择在 URI 中加入版本信息[1]。例如，如果我们将 API 部署在 `localhost` 这个域名下，服务器端口为 3000，那么前端想获取<用户的 ID>值为 10 的个人信息，它使用 GET 方法发送 HTTP 请求的 URI 就应该是以下这样的。

```
http://localhost:3000/v1/users/10
```

需要特别说明的是，人们在设计 RESTful API 时常常会不自觉地犯一个设计理念上的错误，那就是将前端发送的 URI 设计成一个调用服务器函数的"动作"。例如，在要获取指定用户发表的所有书评帖子时，极有可能将 URI 中的请求路径写成类似于`/posts/query?uid=10` 这种形式，毕竟我们在使用 PHP、JSP 时一直是这么做的。但在 REST 设计规范中，表达调用的动作通常是由 HTTP 请求方法来传递的，URI 只用来指定前端需要后端服务提供的"资源"，所以它应该是一系列的名词，而非动词。

当以上 API 向前端返回响应数据时，除了必须采用 JSON、XML 等通用数据格式外，还应该尽可能地使用不同的 HTTP 状态码来清晰地表示后端服务器不同的响应状态。下面是一些常用的 HTTP 状态码以及它们分别所代表的含义。

---

1 当然，更为规范的做法是在 HTTP 请求头信息的 `Accept` 字段中指定版本信息。因为对于 API 的不同版本，我们可以理解成同一种资源的不同表现形式，所以理论上应该采用同一个 URI，但通常在实际生产环境中，这些规范未必能被如此严格地遵守。

- **200 OK**：该状态码表示请求已成功，请求所希望获取的响应头或数据体将随此响应数据返回。
- **201 Created**：该状态码表示请求已被实现，后端已经依据请求创建了相关数据，并将这些数据的 URI 以 `Location` 头信息的形式返回给前端。
- **202 Accepted**：该状态码表示后端已接受请求，但尚未处理。并且出于某种原因，该请求最终有可能不会被执行。
- **204 No Content**：该状态码表示后端成功处理了请求，但响应动作没有返回任何内容。
- **205 Reset Content**：该状态码也表示后端成功处理了请求，但没有返回任何内容。与 204 No Content 状态码不同的是，发送该状态码的响应动作会要求发送请求的前端重置文档视图。
- **301 Moved Permanently**：该状态码表示服务端被请求的数据已永久移动到新位置，并且服务端会将新位置的 URI 返回给客户端。
- **302 Found**：该状态码表示服务端会要求客户端执行某个临时的重定向操作。
- **303 See Other**：该状态码表示后端对当前请求的响应数据可以在另一个 URI 上找到。当后端响应 POST（或 PUT/DELETE）请求而返回该状态码时，前端应该假定后端已经收到请求，并另行使用 GET 方法执行重定向操作。
- **307 Temporary Redirect**：该状态码表示前端发送的请求中的 URI 与另一个 URI 重复，但后续的请求应仍使用原始的 URI。
- **400 Bad Request**：该状态码表示由于某种明显的前端错误（例如，格式错误的请求语法、无效的请求消息或欺骗性路由请求），导致后端无法处理或识别该请求。
- **401 Unauthorized**：该状态码表示当前请求需要用户验证。也就是说，后端服务要求客户端发送请求时必须在请求体中包含一个适用于被请求资源的 WWW-Authenticate 信息头用以提供用户验证信息。如果当前请求已经包含 Authorization 证书，那么该状态码代表服务器已经拒绝那些证书。
- **403 Forbidden**：该状态码表示后端已经理解请求，但拒绝处理它。如果这不是一个 HEAD 请求，而且后端希望说明拒绝处理请求的原因，那么在响应数据内就应该会附带相应的说明信息。
- **404 Not Found**：该状态码表示当前请求所希望得到的数据在后端不存在，或对用户不可见。
- **405 Method Not Allowed**：该状态码表示前端使用的请求方法不能被用于请求相应的数据。在这种情况下，后端的响应必须返回一个 Allow 头信息，列出被请求数据能接受的请求方法。
- **406 Not Acceptable**：该状态码表示前端请求的数据在内容特性上无法满足请求头中的条件，因而后端无法生成响应实体，自然也就无法处理该请求。

- **408 Request Timeout**：该状态码表示前端发出的请求已超时。根据 HTTP 的规范，如果前端没有在后端预设的等待时间内完成一个请求的发送，就需要再次发送这一请求。
- **409 Conflict**：该状态码表示前端发出的请求存在冲突，使得后端无法处理该请求。
- **410 Gone**：该状态码表示前端所请求的数据已被后端有意删除或清理，不可再被使用。
- **411 Length Required**：该状态码表示后端拒绝在没有定义 Content-Length 头信息的情况下接受前端的请求。
- **415 Unsupported Media Type**：该状态码表示前端在请求时所用的互联网媒体类型并不属于后端所支持的数据格式，因此该请求被拒绝处理。
- **500 Internal Server Error**：该状态码代表的是通用错误消息，即后端遇到了未曾预料的状况，该状况导致它无法完成对请求的处理。在这种情况下，后端也无法给出具体错误信息。
- **501 Not Implemented**：该状态码表示后端不支持前端请求的某个功能。
- **502 Bad Gateway**：该状态码表示作为网关或者代理工作的服务器在处理来自前端的请求时，从上游服务器接收到的是无效的响应数据。
- **503 Service Unavailable**：该状态码表示后端正在维护或出现了临时过载的问题，无法处理来自前端的请求。这个状况通常是暂时的，过一段时间就会恢复。
- **504 Gateway Timeout**：该状态码表示作为网关或者代理工作的服务器在处理来自前端请求时，未能及时从上游服务器或辅助服务器（例如 DNS）收到响应数据。
- **505 HTTP Version Not Supported**：该状态码表示后端不支持或拒绝支持前端在发送请求时使用的 HTTP 版本。

7.2 RESTful API 示例

古人有云：纸上得来终觉浅，绝知此事要躬行。对于程序员来说，一个应用程序的设计方案是否可行，最终还是要通过具体的代码实现来验证。下面，就让我们基于 Node.js 运行环境与 SQLite 数据库来具体演示上述 API 设计的实现方法。

7.2.1 构建 HTTP 服务器

首先，我们需要从零开始构建一个提供 HTTP 服务的 Node.js 项目，其具体步骤如下。
1. 在 code 目录下创建一个名为 05_bookComment 的项目目录，并在其中执行 npm init -y 命令将其初始化为一个 Node.js 项目。然后在该项目的根目录下创建以下 2 个子目录。

- restfulAPI 目录：用于存放接下来要实现的 RESTful API。
- database 目录：本项目选择使用 SQLite3 数据库，届时数据库文件将存放在该目录下。

2. 在以上配置工作完成之后，我们就可以在 code/05_bookComment 目录下创建一个名为 index.js 的文件，并在其中输入如下代码。

```javascript
const http = require('http');
const path = require('path');
const fs = require('fs');
const restful_api = require('./restfulAPI');

// 设置服务器的端口号
const port = 3000;
// 设置主机名
const host = `http://localhost:${port}/`;

// 定义 Web 服务
function webServer(req, res) {
    // 留待第 8 章实现
}

// 定义 RESTful 服务
function restfulServer(req, res) {
    switch (req.method) {
        case 'GET':
            restful_api.getRequest(req, res);
            break;
        case 'POST':
            restful_api.postRequest(req, res);
            break;
        case 'DELETE':
            restful_api.deleteRequest(req, res);
            break;
    }
}

// 构建 HTTP 服务
http.createServer(function (req, res) {
    req.url = (req.url == '/' ? '/index.html' : req.url);
    // 设置允许服务的静态资源类型
    const extNames = [
```

```
            '.html', '.js',
            '.css', '.jpg',
            '.png', '.ico'
        ];
        // 判断前端请求的服务类型
        if (extNames.includes(path.extname(req.url))) {
            webServer(req, res);
        } else {
            restfulServer(req, res);
        }
    }).listen(port, function () {
        console.log(`请访问${host}，按 Ctrl+C 终止服务！`);
    });
```

在上述服务的实现代码中，我们将 HTTP 服务分成了两个部分。第一部分主要是用于响应 Web 浏览器对 HTML 页面、CSS 样式文件、JavaScript 脚本文件以及图片文件等静态资源请求的普通 Web 服务，这部分服务的具体实现将会留待第 8 章讨论，目前预留位置即可；第二部分就是我们现在要实现的 RESTful 服务，正如读者所见，我们在这里先导入实现了 RESTful API 的自定义模块，然后根据前端使用的 HTTP 请求方法调用该模块中不同的 API。接下来，我们的任务是实现这个名为 restfulAPI 的自定义模块。

7.2.2 实现 RESTful API

由于本项目选择使用 Knex[1] 库来操作 SQLite3 数据库，所以在正式开始构建 restfulAPI 模块之前，我们需要先在项目根目录下执行 npm install knex --save 命令将 Knex 库安装到当前项目中。在安装过程中，NPM 会告诉我们当前安装的 Knex 库的版本号，以及所对应的 SQLite3 数据库的版本号。因为 Knex 是基于 SQLite3 数据库来实现的，所以我们还必须为该项目安装相应版本的 SQLite3 数据库。例如在这里，安装的是 0.95.4 版本的 Knex 库，其对应的是 5.0.0 以上版本的 SQLite3 数据库，所以我们要执行 npm install sqlite3@^5.0.0 --save 命令来安装它。

待一切安装顺利完成之后，我们就可以开始构建 restfulAPI 模块。在 code/05_bookComment/restfulAPI 目录下创建一个名为 index.js 的文件，并在其中输入如下代码。

```
const path = require('path');
const knex = require('knex');

// 响应错误信息
```

---

1 如果读者希望了解 Knex 库的使用方法，可以参考我的第一本书《JavaScript 全栈开发》第 14 章中的详细介绍。当然，也可以自行去搜索并查阅该库的官方文档。

```javascript
function responseError(res, err) {
    res.writeHead(err.status, {
        "Content-Type": "application/json"
    });
    return res.end(err.message);
}

// 设置数据库文件路径
const DBPath = path.join(__dirname, '../database/sqlite3db.sqlite');

// 创建数据库连接对象
global.DBConnect = knex({
    client: 'sqlite3',
    connection: {
        filename: DBPath
    },
    debug: true, // 在生产环境下可设置为 false
    pool: {
        min: 2,
        max: 7
    },
    useNullAsDefault: true
});

// 处理 GET 请求
module.exports.getRequest = function (req, res) {
    const reqParam = req.url.split('/');
    if(reqParam.length < 1 || reqParam.length > 4) {
        return responseError(res, {
            status: 400,
            message: 'request_url_err'
        });
    }

    if (reqParam[1] === 'users') {
        const users = require('./users');
        users.then(function(api) {
            api.getData(req, res, responseError);
        });
    } else if (reqParam[1] === 'books') {
        const books = require('./books');
        books.then(function(api) {
            if (reqParam[2] === 'list') {
                api.getList(res, responseError);
            } else {
```

```
                        api.getData(req, res, responseError);
                }
        });
    } else if (reqParam[1] === 'posts') {
        const posts = require('./posts');
        posts.then(function(api) {
            if (reqParam[2] === 'userlist') {
                api.getUserList(req, res, responseError);
            } else if(reqParam[2] === 'booklist') {
                api.getBookList(req, res, responseError);
            } else {
                api.getData(req, res, responseError);
            }
        });
    } else {
        responseError(res, {
            status: 400,
            message: 'request_url_err'
        });
    }
}


// 处理 POST 请求
module.exports.postRequest = function (req, res) {
    const reqParam = req.url.split('/');
    if(reqParam.length < 1 || reqParam.length > 4) {
        return responseError(res, {
            status: 400,
            message: 'request_url_err'
        });
    }

    if (reqParam[1] === 'users') {
        const users = require('./users');
        users.then(function(api) {
            if (reqParam[2] === 'newuser') {
                api.addUser(req, res, responseError);
            } else if (reqParam[2] === 'session') {
                api.login(req, res, responseError);
            } else {
                api.updateData(req, res, responseError);
            }
        });
    } else if (reqParam[1] === 'books') {
        const books = require('./books');
```

```
        books.then(function(api) {
            if (reqParam[2] === 'newbook') {
                api.addData(req, res, responseError);
            } else {
                api.updateData(req, res, responseError);
            }
        });
    } else if (reqParam[1] === 'posts') {
        const posts = require('./posts');
        posts.then(function(api) {
            if (reqParam[2] === 'newpost') {
                api.addData(req, res, responseError);
            } else {
                api.updateData(req, res, responseError);
            }
        });
    } else {
        responseError(res, {
            status: 400,
            message: 'request_url_err'
        });
    }
};

// 处理 DELETE 请求
module.exports.deleteRequest = function (req, res) {
    const reqParam = req.url.split('/');
    if(reqParam.length < 1 || reqParam.length > 3) {
        return responseError(res, {
            status: 400,
            message: 'request_url_err'
        });
    }

    if (reqParam[1] === 'users') {
        const users = require('./users');
        users.then(function(api) {
            api.deleteData(req, res, responseError);
        });
    } else if (reqParam[1] === 'books') {
        const books = require('./books');
        books.then(function(api) {
            api.deleteData(req, res, responseError);
        });
    } else if (reqParam[1] === 'posts') {
```

```
        const posts = require('./posts');
        posts.then(function(api) {
            api.deleteData(req, res, responseError);
        });
    } else {
        responseError(res, {
            status: 400,
            message: 'request_url_err'
        });
    }
};
```

在 restfulAPI 模块的入口模块中，我们根据本项目要处理的数据将要实现的 RESTful API 划分成了 users、books 和 posts 这 3 个子模块。然后，根据前端所请求的 URI 来加载相应的子模块，并调用相应子模块提供的 API 来响应这些请求。接下来的任务是具体实现用于响应请求的 API。在这里，我们选择从 users 子模块开始。

为此，我们需要在 code/05_bookComment/restfulAPI 目录下创建一个名为 users.js 文件，并在其中编写如下代码。

```
const queryString = require('querystring');
const cookie = require('./cookie');

// 引入数据库连接对象
const sqliteDB = global.DBConnect;

module.exports = new Promise(function (resolve, reject) {
    // 查看数据库中是否已经存在 users 表，如果不存在就创建它
    sqliteDB.schema.hasTable('users')
    .then(function (exists) {
        if (exists == false) {
            // 创建 users 表的字段
            return sqliteDB.schema.createTable('users', function (table) {
                // 将 uid 字段设置为自动增长的字段，并将其设为主键
                table.increments('uid').primary();
                // 将用户名字段设置为字符串类型的字段
                table.string('userName');
                // 将密码字段设置为字符串类型的字段
                table.string('password');
            })
            .catch(message => responseError(res, {
                status: 500,
                message: message
            }));
        }
```

```javascript
})
.then(function() {
    // 定义 users 子模块的 API
    const users_api = {}

    // 处理用户登录请求
    users_api.login = function (req, res, responseError) {
        let formData = '';
        req.on('data', function (chunk) {
            formData += chunk;
        });
        req.on('end', function () {
            const tmp = queryString.parse(formData.toString());
            if (tmp.user || tmp.passwd) {
                sqliteDB('users').select('uid')
                .where('userName', tmp.user)
                .andWhere('password', tmp.passwd)
                .then(function (data) {
                    if (data.length == 0) {
                        return responseError(res, {
                            status: 401,
                            message: 'uname_passwd_err'
                        });
                    }
                    res.writeHead(200, {
                        'Set-Cookie': cookie.serialize({
                            'uid': data[0].uid
                        }),
                        "Content-Type": "application/json"
                    });
                    res.end(JSON.stringify(data));
                })
                .catch(message => responseError(res, {
                    status: 500,
                    message: message
                }));
            } else {
                responseError(res, {
                    status: 400,
                    message: 'login_parameter_err'
                });
            }
        });
    };
```

```javascript
// 处理用户信息查看请求
users_api.getData = function (req, res, responseError) {
    const query = req.url.split('/').pop();
    if (isNaN(Number(query)) === false) {
        if (cookie.checkPermission(req, query) == false) {
            return responseError(res, {
                status: 401,
                message: 'premission_err'
            });
        }
        sqliteDB('users').select('*')
        .where('uid', query)
        .then(function (data) {
            res.writeHead(200, {
                "Content-Type": "application/json"
            });
            res.end(JSON.stringify(data));
        })
        .catch(message => responseError(res, {
            status: 500,
            message: message
        }));
    } else {
        responseError(res, {
            status: 404,
            message: 'query_err'
        });
    }
};


//处理用户注册请求
users_api.addUser = function (req, res, responseError) {
    let formData = '';
    req.on('data', function (chunk) {
        formData += chunk;
    });
    req.on('end', async function () {
        const tmp = queryString.parse(formData.toString());
        const newUser = {
            userName: tmp.user,
            password: tmp.passwd
        };
        if (newUser.userName || newUser.password) {
            const data = await sqliteDB('users')
                          .select('uid')
```

```
                                    .where('userName', newUser.userName);
                if(data.length > 0) {
                    responseError(res, {
                        status: 403,
                        message: 'uname_exist_err'
                    });
                } else {
                    sqliteDB('users').insert(newUser)
                    .then(function () {
                        res.writeHead(200, {
                            "Content-Type": "application/json"
                        });
                        res.end('user_added');
                    })
                    .catch(message => responseError(res, {
                        status: 500,
                        message: message
                    }));
                }
            } else {
                responseError(res, {
                    status: 400,
                    message: 'users_signup_err'
                });
            }
        });
    };


    //处理用户信息修改请求
    users_api.updateData = function (req, res, responseError) {
        const query = req.url.split('/').pop();
        if (isNaN(Number(query)) === false) {
            if (cookie.checkPermission(req, query) == false) {
                return responseError(res, {
                    status: 401,
                    message: 'premission_err'
                });
            }
            let formData = '';
            req.on('data', function (chunk) {
                formData += chunk;
            });
            req.on('end', async function () {
                const tmp = queryString.parse(formData.toString());
                const newUser = {
```

```
                    userName: tmp.user,
                    password: tmp.passwd
                };
                if (newUser.userName || newUser.password) {
                    const data = await sqliteDB('users')
                                    .select('uid')
                                    .where('userName',newUser.userName);
                    if(data.length > 0 && data[0].uid != query) {
                        responseError(res, {
                            status: 403,
                            message: 'uname_exist_err'
                        });
                    } else {
                        sqliteDB('users').update(newUser)
                        .where('uid', query)
                        .then(function () {
                            res.writeHead(200, {
                                "Content-Type": "application/json"
                            });
                            res.end('user_updated');
                        })
                        .catch(message => responseError(res, {
                            status: 500,
                            message: message
                        }));
                    }
                } else {
                    responseError(res, {
                        status: 400,
                        message: 'updata_pram_err'
                    });
                }
            });
    } else {
        responseError(res, {
            status: 404,
            message: 'query_err'
        });
    }
};

//处理删除用户请求
users_api.deleteData = function(req, res, responseError) {
    const query = req.url.split('/').pop();
    if (isNaN(Number(query)) === false) {
```

```
                if (cookie.isAdmin(req) === false
                    && cookie.checkPermission(req, query) == false) {
                    return responseError(res, {
                        status: 401,
                        message: 'premission_err'
                    });
                }
                sqliteDB('users').delete()
                .where('uid', query)
                .then(function () {
                    res.writeHead(200, {
                        "Content-Type": "application/json"
                    });
                    res.end('user_deleted');
                })
                .catch(message => responseError(res, {
                    status: 500,
                    message: message
                }));
            } else {
                responseError(res, {
                    status: 404,
                    message: 'query_err'
                });
            }
        };
        resolve(users_api);
    });
});
```

在上述代码中，我们实现了一系列处理用户个人信息的 API，它们的具体功能如下。

● login 接口：用于响应 URI 为/users/session 的 POST 请求，实现的是用户登录的功能。

● getData 接口：用于响应 URI 为/users/<用户的 ID>的 GET 请求，实现的是获取用户信息的功能。

● addUser 接口：用于响应 URI 为/users/newuser 的 POST 请求，实现的是用户注册的功能。

● updateData 接口：用于响应 URI 为/users/<用户的 ID>的 POST 请求，实现的是修改用户信息的功能。

● deleteData 接口：用于响应 URI 为/users/<用户的 ID>的 DELETE 请求，实现的是删除用户的功能。

如果想验证上述实现的正确性，我们可以使用 curl 命令来模拟前端对这部分 RESTful API 的调用，具体过程如下。

```
# 在以下演示代码中，$ 字符代表命令提示符
# 模拟用户注册
$ curl -d "user=owlman&passwd=12345" http://localhost:3000/users/newuser
user_added

# 模拟用户登录
$ curl -d "user=owlman&passwd=12345" http://localhost:3000/users/session -v
* TCP_NODELAY set
* Connected to localhost (::1) port 3000 (#0)
> POST /users/session HTTP/1.1
> Host: localhost:3000
> User-Agent: curl/7.55.1
> Accept: */*
> Content-Length: 24
> Content-Type: application/x-www-form-urlencoded
>
* upload completely sent off: 24 out of 24 bytes
< HTTP/1.1 200 OK
< Set-Cookie: uid=1          # 获取 cookie 信息
< Content-Type: application/json
< Date: Thu, 29 Apr 2021 04:35:35 GMT
< Connection: keep-alive
< Keep-Alive: timeout=5
< Transfer-Encoding: chunked
<
[{"uid":1}] * Connection #0 to host localhost left intact

# 模拟获取用户信息
$ curl --cookie "uid=1" http://localhost:3000/users/1
[{"uid":1,"userName":"owlman","password":"12345"}]

# 模拟修改用户信息
$ curl --cookie "uid=1" -d "user=owlman&passwd=123456789" http://localhost:3000/users/1
user_updated

# 再次模拟用户登录
$ curl -d "user=owlman&passwd=123456789" http://localhost:3000/users/session
[{"uid":1}]

# 模拟删除用户
$ curl --cookie "uid=1" -X DELETE http://localhost:3000/users/1
user_deleted
```

```
# 再次模拟用户登录
$ curl -d "user=owlman&passwd=123456789" http://localhost:3000/users/session
uname_passwd_err
```

　　需要说明的是，我们在这里选择了使用 cookie 这种"古老"的机制来实现用户登录及其身份验证相关的功能，但上述模拟调用也侧面显示了这种解决方案的不安全性 [1]。当前更为流行的解决方案是使用 token 鉴权机制或第三方提供的 OAuth 服务。由于后端服务的实现并不是本书的重点，所以我们在这里使用更便于演示的 cookie 机制，这部分功能的具体实现如下。

```javascript
// 将 cookie 解析成 JavaScript 对象
module.exports.parse = function (cookiesString) {
    let cookies = {};
    if (!cookiesString) {
        return cookies;
    }
    const tmpList = cookiesString.split(';');
    for (let i = 0; i < tmpList.length; ++i) {
        const pair = tmpList[i].split('=');
        cookies[pair[0].trim()] = pair[1];
    }
    return cookies;
};

// 将 JavaScript 对象序列化成 cookie
module.exports.serialize = function (cookies) {
    const pair = new Array();
    for (const name in cookies) {
        pair.push(`${name}=${cookies[name]}`);
    }
    return pair.join(';');
};

//验证用户是否已经登录
module.exports.isLogin = function(req) {
    const cookies = this.parse(req.headers.cookie);
    return cookies.isLogin === 'true';
}

//验证用户权限
module.exports.checkPermission = function (req, query) {
    req.cookies = this.parse(req.headers.cookie);
    return req.cookies.uid === query;
```

---

1 即使对 cookie 字符串进行散列加密处理，`curl` 命令也能通过`-v`参数获得处理后的字符串。

```
};

//验证管理员权限
module.exports.isAdmin = function(req) {
    const cookies = this.parse(req.headers.cookie);
    return cookies.uid === '1';
}
```

　　接下来我们继续实现 `books`、`posts` 这两个子模块要提供的 API 即可。由于这两个子模块的实现方式与 `users` 子模块的基本相同，主要任务在于使用 Knex 库来操作数据库并解决 Node.js 运行环境特有的异步调用问题，我们在这里就不予以重复演示了，读者可以在本书附送源码包中的 `05_bookComment/restfulAPI` 目录下找到 `books.js` 和 `posts.js` 这两个子模块实现文件。在后续章节中，当我们需要演示相关 API 的具体调用时，还会对它们的部分实现细节进行单独说明。另外需要注意的是，Node.js 并不是构建 RESTful 服务唯一可用的工具。甚至对于有高性能需求的后端服务来说，它还未必是值得推荐的工具。Python、Go 等语言都可以用来实现更高性能的 RESTful 服务，哪怕是 PHP、JSP 这样“传统”的服务器技术也可以用来实现这一服务，只要程序员在使用这些技术时遵守 RESTful 架构定义的设计规范即可。

7.3　本章小结

　　在本章中，我们着重介绍了 RESTful 架构，该架构是当前市面上比较适合为 Vue.js 前端用户界面提供后端服务的解决方案。与 SOAP、XML-RPC 等其他拥有类似功能的解决方案不同的是，RESTful 架构的主要优势在于它本质上只是一套建立在现有网络协议和通用数据格式之上的设计规范，这意味着，程序员在采用该架构构建后端服务时基于普通的 HTTP 服务并遵守这套设计规范即可，无须做太多额外的服务器维护工作。

　　除了针对 RESTful 架构的概念性介绍，我们在本章还以构建一个短书评应用的后端服务为例，具体演示了 RESTful API 的设计方法，以及设计过程中需要注意的事项。然后，我们还基于 Node.js 运行环境与 SQLite 数据库演示了这些设计方法的具体实现过程。需要再次强调的是，我们在这里演示的实现方案并不是一个成熟的解决方案，出于方便在书中展示代码的考虑，我们对许多功能进行了简化。而且从性能和可维护性的角度来说，Node.js 运行环境与 SQLite 数据库这个组合也未必对所有的后端服务需求来说都是理想的选择。

　　当然，这并不妨碍我们接下来围绕着这个后端服务的实现继续演示如何基于 Vue.js 框架来实现适用于各种用户设备的前端用户界面。例如在第 8 章中，我们将会先介绍如何基于 PC 端 Web 浏览器来构建这个短书评应用的用户界面。

第 8 章　PC 端浏览器应用开发（上篇）

对于如今的互联网服务来说，PC 端浏览器应用可被认为是所有可能提供的前端中最容易实现的一种应用。毕竟，与其他类型的前端实现方案相比，PC 端浏览器应用在用户使用条件方面提出的要求是最低的，它既不会要求用户安装特定的客户端软件，也不会对用户使用的软硬件环境有额外的特殊要求，只要 PC 端环境中安装了 Web 浏览器即可。当然这也意味着，用户在使用应用程序时也难免会因浏览器本身的局限性而受到一定程度的限制。所以在通常情况下，PC 端浏览器应用也被认为是互联网服务的众多前端实现中功能最弱的一种，往往只能提供一些最核心的功能，主要用于证明互联网服务的可用性。接下来，我们就从这种最简单的实现形式开始为第 7 章设计的短书评服务构建相应的前端应用。在学习完本章内容之后，希望读者能够：

- 掌握如何搭配 Vue.js 框架与 Node.js 环境构建 Web 服务；
- 掌握如何使用 vue-router 组件实现面向用户界面的前端路由；
- 掌握如何借助 axios 这样的第三方网络请求库调用 RESTful API；
- 掌握如何使用 Vuex 组件实现应用程序的状态管理。

8.1　构建 Web 服务

如果我们想要为第 7 章中设计的基于 RESTful 架构的短书评服务构建一个基于 PC 端浏览器的前端应用，首先要做的就是将之前预留的 Web 服务的实现补全，以便用户在 PC 端浏览器上获取 HTML 页面、JavaScript 脚本以及 CSS 样式等用于描述前端用户界面的静态资源文件，其具体步骤如下。

1. 在 code/05_bookComment 目录下执行 vue create webclient 命令。使

用 Vue CLI 脚手架工具创建一个基于 Vue.js 2.x 框架的 Web 前端项目，具体过程可参考我们在第 6 章中所做的说明。

2. 待一切组件安装完成之后，进入 `webclient` 目录中执行 `npm run build` 命令，以生成项目输出目录即 `dist` 目录，并输出打包后的输出文件。

3. 待输出文件生成后，打开 `code/05_bookComment` 目录下的 `index.js` 文件，将之前预留的 `webServer()` 函数实现如下。

```
// 定义 Web 服务
function webServer(req, res) {
    const webroot = '/webclient/dist';
    fs.readFile(`.${webroot + req.url}`, function (err, data) {
        if (err !== null) {
            res.writeHead(404, {
                'Content-Type': 'text/html, charset=utf-8'
            });
            return res.end('相关页面不存在！');
        }
        res.writeHead(200);
        res.end(data);
    });
}
```

4. 在 `code/05_bookComment` 目录下，将 `package.json` 文件中的 `scripts` 选项配置如下。

```
"scripts": {
    "webbuild": "cd webclient && npm run build && cd ..",
    "start": "npm run webbuild && node ./index.js"
},
```

5. 如果一切顺利，接下来就只需要在 `code/05_bookComment` 目录下执行 `npm run start` 命令来启动 HTTP 服务，并在浏览器中访问 `http://localhost:3000/`，就会看到 Vue CLI 自动生成的 "Hello,World" 页面了，如图 8-1 所示。

除此之外，如果读者希望上面这个基于 Node.js 运行平台构建的 HTTP 服务可以像 webpack-dev-server 一样，能在检测到源码变化时自动重启服务，以方便日后的开发与调试工作，我们可以通过执行 `npm install nodemon --global` 命令安装名为 nodemon 的开发辅助工具。在默认情况下，该工具会监控项目中所有文件的变化，这对于一些会产生大量日志文件及其他临时数据文件的服务端应用来说，有可能会导致服务的重启过于频繁。所以在更多时候，我们应该要更精确地指定被监控的文件类型及其所在的目录，这部分工作可以通过一个名为 `nodemon.json` 的配置文件来完成。例如在当前这个项目中，我们所要做的就是将该配置文件创建在 `code/05_bookComment` 目录下，并在其中输入以下内容。

图 8-1　Vue CLI 自动生成的页面

```
{
    "restartable": "rs",
    "verbose": true,
    "watch": [
        "restfulAPI/",
        "webclient/src/",
        "index.js"
    ],
    "ignore": [
        ".git",
        "node_modules/**/node_modules"
    ],
    "delay": "1000",
    "exec": "npm run start",
    "ext": "js vue html css json"
}
```

下面，我们来具体介绍上述 `nodemon.json` 文件中所配置的选项。

- **`restartable` 选项**：用于设置服务的重启模式，通常情况下设置为 `rs` 即可。
- **`verbose` 选项**：用于设置是否输出日志，在开发环境下一般会设置为 `true`，以便获取详细的服务器信息。
- **`watch` 选项**：用于设置被监控文件所在的目录。
- **`ignore` 选项**：用于设置应被 `nodemon` 工具忽略的目录。
- **`delay` 选项**：用于设置检测从文件变化到服务重启的延迟时间，单位是 ms。

- **exec** 选项：用于设置 nodemon 工具启动时要执行的命令。
- **ext** 选项：用于通过文件扩展名来设置需要被监控的文件类型。

在完成上述配置之后，我们接下来就只需要在 `code/05_bookComment` 目录下执行 `nodemon` 命令启动之前设计的 HTTP 服务，然后只要被监控的文件发生了变化，该服务就会自动重启。当然，以上所做的只是 nodemon 工具的一些基本配置，如果读者想更详细地了解该工具的配置方法，还需要去阅读其官方文档[1]。

8.2 实现前端路由

在构建完 Web 服务之后，就可以正式开始为我们的短书评服务设计基于浏览器的用户界面了。与之前单页面应用不同的是，我们接下来要编写的短书评应用是一个集成了用户管理、图书管理、评论系统 3 个业务模块的多页面应用程序，在具体实现这些业务模块之前，我们首先要解决页面在前端的路由问题。

要想在基于 Vue.js 框架的前端应用中解决多页面路由的问题，我们需要先安装 Vue.js 官方团队提供的 vue-router 组件。在当前项目中，安装该组件较为简单的方式就是在 `code/05_bookComment/webclient` 目录下执行 `npm install vue-router` 命令。除此之外，如果读者出于某种原因不想或无法使用 NPM，抑或是想试用 vue-router 组件尚在开发中的最新版本，也可以选择通过在 `code/05_bookComment/ webclient` 目录下执行以下命令来下载该组件的源码并将其安装到目录中。

```
git clone https://github.com/vuejs/vue-router.git node_modules/vue-router
cd node_modules/vue-router
npm install
npm run build
```

待 vue-router 组件的安装顺利完成之后，我们在项目的入口文件 `main.js` 中插入以下代码即可使用该组件。

```
import Vue from 'vue';
// 导入 vue-router 组件
import VueRouter from 'vue-router';
// 假设组件 Home.vue 和 About.vue 已经存在于 views 目录中
import Home from '../views/Home.vue';
import About from '../views/About.vue';

// 将组件注册到 Vue 实例中
Vue.use(VueRouter);
```

---

1 读者如有兴趣可自行在 GitHub 上搜索 "nodemon" 关键字，即可找到其官方文档。

```
// 定义一个名为 routes 的路由规则
const routes = [
    {
        path:"/",
        component:Home
    },
    {
        path:"/about",
        component:About
    }
];

// 创建配置了上述路由规则的 router 实例
const router = new VueRouter({
    routes
})

// 创建带有前端路由功能的 Vue 实例
// 并将其挂载到 id 属性值为 app 的容器标签上
new Vue({
  render: h => h(App),
  router
}).$mount('#app');
```

最后，我们需要在 App.vue 文件中 id="app" 的容器标签中加入以下子标签。

```
<div id="nav">
    <li><router-link to="/">首页</router-link></li>
    <li><router-link to="/about">关于</router-link></li>
</div>
<router-view/>
```

当然，由于我们之前是使用 Vue CLI 脚手架工具来创建前端应用的，因此在这种情况下更好的选择是通过在 code/05_bookComment/webclient 目录下执行 vue add router 命令的方式来安装 vue-router 组件。因为在这种安装方式下，我们不仅可以很顺利地将 vue-router 组件安装到当前项目中，还可以借助 Vue CLI 脚手架工具自动生成一个比上述演示更为规范的示例项目，以供项目的开发者参考并做进一步的修改。下面，我们就先来具体分析由 Vue CLI 脚手架工具自动生成的、带有前端路由功能的 Vue.js 示例项目，然后逐步将其改造成我们所需要创建的前端应用。首先，让我们来看添加了 vue-router 组件之后的项目结构。

```
05_bookComment/webclient
├── dist                          # 存放项目输出文件的目录
├── node_modules                  # 存放项目依赖项的目录
```

```
├── public              # 存放不参与编译的资源文件的目录
│   ├── favicon.icon    # 项目使用的图标文件
│   └── index.html      # 项目的入口页面文件
├── src                 # 存放项目源码的目录
│   ├── assets          # 存放将参与编译的资源文件的目录
│   │   └── logo.png    # 示例图片类型的资源文件
│   ├── components      # 存放自定义组件的目录
│   │   └── HelloWorld.vue  # 自定义组件示例文件
│   ├── router          # 存放 router 实例的目录
│   │   └── index.js    # router 实例的定义文件
│   ├── views           # 存放自定义页面的目录
│   │   ├── Home.vue    # Home 页面的定义文件
│   │   └── About.vue   # About 页面的定义文件
│   ├── App.vue         # 应用程序的根组件定义文件
│   └── main.js         # 应用程序的入口文件
├── babel.config.js     # Babel 转译器的配置文件
├── .gitignore          # 需要被 Git 版本控制系统忽略的文件列表
├── package-lock.json   # NPM 包管理器的锁定配置文件
└── package.json        # NPM 包管理器的配置文件
```

与之前创建的单页面应用相比,上述项目在结构上最明显的变化是新增了 router 和 views 这两个目录。其中,router 目录中定义的是整个前端应用的路由模块,其入口文件 index.js 中的内容与我们之前创建的 router 实例的演示代码大同小异,具体内容如下。

```javascript
import Vue from 'vue';
import VueRouter from 'vue-router';
import Home from '../views/Home.vue';

Vue.use(VueRouter);

const routes = [
    {
        path: '/',
        name: 'Home',
        component: Home
    },
    {
        path: '/about',
        name: 'About',
        component: () => import('../views/About.vue')
    }
]

const router = new VueRouter({
```

```
    mode: 'history',
    base: process.env.BASE_URL,
    routes
});

export default router;
```

而 views 目录中所存放的是页面组件，这些组件在功能上与 components 目录中存放的组件是不一样的。前者定义的是多页面应用的"页面"，而后者定义的通常是这些页面中的某个局部模块，例如在当前项目中，我们在 Home.vue 组件中定义的是前端应用的首页，该页面引用了 components 目录下的 HelloWorld.vue 组件。总而言之，前端应用的路由功能主要针对的是 views 目录下的页面组件。

除此之外，App.vue 和 main.js 这两个文件的内容也发生了相应的变化。首先在 main.js 文件中，我们从指定目录中导入了 router 模块，然后创建了带有前端路由功能的 Vue 实例，并将其挂载到 id 属性值为 app 的容器标签上，具体代码如下。

```
import Vue from 'vue';
import App from './App.vue';
import router from './router';

Vue.config.productionTip = false;

new Vue({
    router,
    render: h => h(App)
}).$mount('#app');
```

然后在 App.vue 文件中，我们使用了相应的路由标签来构建页面导航元素，具体代码如下。

```
<template>
    <div id="app">
        <div id="nav">
            <router-link to="/">Home</router-link> |
            <router-link to="/about">About</router-link>
        </div>
        <router-view/>
    </div>
</template>

<style>
    /* 样式定义部分暂且省略 */
</style>
```

于是，当我们再次启动服务之后，在浏览器中就会看到页面顶部多出了一个导航栏元素，如图 8-2 所示。

图 8-2　增加了导航栏的页面

8.3　用户的登录与注册

在了解了 Vue CLI 脚手架工具自动生成的示例项目之后，接下来就可以逐步将其改造成我们所需要的前端应用了。就让我们从实现用户的登录和注册功能开始吧！整个实现过程可以分为以下步骤。

8.3.1　第一步：加载自定义组件

想必读者还记得，我们事实上在第 5 章中已经演示过如何实现与用户注册、登录相关的界面组件，眼下要做的就是将它们复制过来，并根据需要做一些相应的修改即可。具体来说，就是我们需要先将原本位于 code/otherTest/component_users/src 目录下的 userLogin.vue 和 userSignUp.vue 这两个组件文件复制到 code/05_book-Comment/webclient/src/components 目录下。然后，在 code/05_bookComment/webclient/src/views 目录下打开 Home.vue 文件，并将其中的代码修改如下。

```
<template>
    <div class="home">
        <div class="users">
            <input type="button" value="用户登录"
```

```
            :class="['tab-button', { active: componentId === 'login' }]"
            @click="componentId='login'">

      <input type="button" value="注册新用户"
            :class="['tab-button',
                    { active: componentId === 'signup' }]"
            @click="componentId='signup'">
      <keep-alive>
          <component
              class="tab"
              :is="componentId"
              @login="login"
              @goLogin="goLogin">
          </component>
      </keep-alive>
    </div>
  </div>
</template>
<script>
import userLogin from '../components/userLogin.vue';
import userSignUp from '../components/userSignUp.vue';

export default {
    name: 'Home',
    data: function() {
        return {
            componentId: 'login',
        };
    },
    methods: {
        goLogin: function() {
            this.componentId = 'login';
        },
        login: function(userData) {
            // 稍后实现
        },
        logout: function() {
            // 稍后实现
        }
    },
    components: {
        login: userLogin,
        signup : userSignUp
    }
}
```

```
</script>
<style scoped>
    @import '../assets/styles/Home.css';
</style>
```

在上述代码中，我们使用了 `component` 动态组件来加载自定义组件。如果读者此时再用浏览器打开应用程序的前端界面，就会看到如图 8-3 所示的用户登录与注册界面。

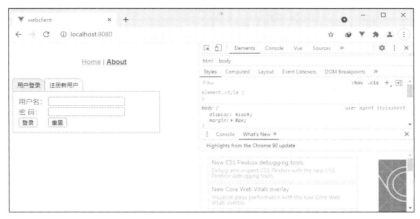

图 8-3　用户登录与注册界面

8.3.2　第二步：调用 RESTful API

正如第 7 章中所说，RESTful API 是需要前端应用通过 POST、GET、PUT 或 DELETE 等 HTTP 请求方法向后端服务发送请求来完成调用的。在当前项目中，我们选择使用 axios 这个专用的 HTTP 请求库来完成这方面的任务。axios 是一个基于 Promise 对象来实现的、专用于处理 HTTP 请求的第三方库[1]，该库可以帮助我们轻松实现以下功能。

- 在前端应用发送请求时将 JSON 格式的数据自动转换成 HTTP 请求数据。
- 在前端应用接收到响应数据时将 HTTP 响应数据自动转换成 JSON 格式数据。
- 使用 Promise API 的链式调用风格来完成 HTTP 请求及其响应过程中的数据处理。

和其他第三方库一样，在正式开始使用 axios 库之前，我们需要先在 `code/05_bookComment/webclient/` 目录下执行 `npm install axios --save` 命令将该库安装到当前项目中，待安装完成之后，就可以使用它了。通常情况下，我们只需要使用 axios 库提供的 4 个常用方法就足以满足大部针对 RESTful API 的调用需求，它们分别如下。

- `axios.get(url[, config])` **方法**：用于发送 GET 方法的 HTTP 请求。

---

1 读者如有兴趣可自行在 GitHub 上搜索"axios"关键字，即可找到其官方文档。

- **axios.post(url[, data[, config]])方法**：用于发送 POST 方法的 HTTP 请求。
- **axios.delete(url[, config])方法**：用于发送 DELETE 方法的 HTTP 请求。
- **axios.put(url[, data[, config]])方法**：用于发送 PUT 方法的 HTTP 请求。

在调用上述方法时，除了 url 这个用于指定 URI 的必选实参，我们还需要根据发送请求时所要处理的具体情况，通过可选实参提供要发送给后端服务器的数据以及其他相关的配置。例如在当前项目中，我们需要在 code/05_bookComment/webclient/ src/ components 目录下打开 userLogin.vue 文件，并将其中的<script>部分修改如下。

```
import md5 from 'blueimp-md5';
import axios from 'axios';
import Qs from 'qs' ;

// 允许 axios 发送请求时携带 cookie 信息
axios.defaults.withCredentials = true;

export default {
    name: "tabLogin",
    data: function() {
        return {
            userName: '',
            password: ''
        };
    },
    methods: {
        login: function() {
            if(this.userName !== '' && this.password !== '') {
                const userData =  {
                    user: this.userName,
                    passwd: md5(this.password)
                }
                const that = this;
                axios.post(`/users/session`, Qs.stringify(userData))
                .then(function(res) {
                    if(res.statusText === 'OK' &&
                        res.data.length == 1) {
                        const user = {
                            isLogin: true,
                            uid: res.data[0].uid
                        };
                        that.$emit('login', user);
                    }
```

```
                    })
                    .catch(function(error) {
                        if(error.message.indexOf('401') !== -1) {
                            window.alert('用户名或密码错误！');
                        }
                    })
                } else {
                    window.alert('用户名与密码都不能为空！');

                }
            },
            reset: function() {
                this.userName = '';
                this.password = '';
            }
        }
    }
};
```

同样地，我们也需要在 code/05_bookComment/webclient/src/ components 目录下打开 userSignUp.vue 文件，并将其中的<script>部分修改如下。

```
import md5 from 'blueimp-md5';
import axios from 'axios';
import Qs from 'qs' ;

export default {
    name: "tab-sign",
    data() {
        return {
            userName: '',
            password: '',
            rePassword: ''
        };
    },
    methods: {
        signUp: function() {
            if(this.userName !== '' &&
                this.password !== '' &&
                this.rePassword !== '') {
                if(this.password === this.rePassword) {
                    const newUser = {
                        user: this.userName,
                        passwd: md5(this.password)
                    }
                    const that = this;
                    axios.post('/users/newuser', Qs.stringify(newUser))
```

```
            .then(function(res) {
                // console.log(res.statusText)
                if(res.statusText === 'OK') {
                    window.alert('用户注册成功！');
                    that.$emit('goLogin');
                }
            })
            .catch(function(error) {
                if(error.message.indexOf('403') !== -1) {
                    window.alert('用户名已被占用！');
                } else if(error.message.indexOf('500') !== -1) {
                    window.alert('服务器故障，请稍后再试！');
                }
            });
        } else {
            window.alert('你两次输入的密码不一致！');
        }
    } else {
        window.alert('请正确填写注册信息！');
    }
    },
    reset: function() {
        this.userName = '';
        this.password = '';
        this.rePassword = '';
    }
    }
};
```

正如读者所见，我们在上述代码中实现登录与注册功能时使用的是 `axios.post()` 方法，除了 `url` 实参，还提供了一个 JSON 格式的数据对象实参，用于指定向后端服务器发送 POST 请求时需要提交的数据。需要注意的是，由于 axios 库在发送 POST 请求时以 `application/json` 格式发送数据，这时候后端很可能不会将其识别为表单数据，所以我们需要先使用 qs[1] 库将 JSON 数据对象序列化为 `application/x-www-form-urlencoded` 表单格式的数据，然后将其发送给后端。

另外，出于安全方面的考虑，用户在前端输入的密码数据通常是需要经过加密之后才能发送给后端的。在当前项目中，我们选择使用 JavaScript-MD5[2]这个第三方加密库来完成这方面的任务。所以在执行上述代码之前，我们还需要在 `code/05_bookComment/webclient/`目录下执行 `npm install blueimp-md5 --save` 命令将该组件安装到当前项目中。

---

1 由于 qs 库已经被内置在 axios 库中，所以直接加载它即可，无须另行安装。
2 读者如有兴趣可自行在 GitHub 上搜索"JavaScript-MD5"关键字，即可找到其官方文档。

8.3.3 第三步：前端状态管理

由于 HTTP 长期以来被认为是一种无状态连接协议，应用程序的后端在默认情况下通常是无法记住前端的用户登录状态的，这意味着一旦页面被浏览器重新请求，用户的登录状态就会丢失，所以如何维持用户在使用应用程序时的登录状态是我们接下来必须解决的问题。在基于 Vue.js 框架的项目中，我们可以利用 Vue.js 官方团队提供的 Vuex 组件，并搭配浏览器原本就支持的前端存储机制来实现前端应用的状态管理。同样地，在正式编写相关代码之前，我们需要在 code/05_bookComment/webclient/ 目录下安装以下组件。

- **vue-cookies 组件**：用于操作 cookie 的 Vue.js 框架插件，可以通过执行 npm install vue-cookies --save 命令来安装。
- **Vuex 组件**：Vue.js 官方团队提供的跨组件的状态管理组件，可以通过执行 npm install vuex --save 命令来安装。

待一切安装顺利完成之后，我们接下来需要将上述组件注册到 Vue 应用实例中。首先是相对简单的 vue-cookies 组件，具体做法就是在 code/05_bookComment/webclient/ src 目录下打开 main.js 文件，并将其内容修改如下。

```
import Vue from 'vue';
import App from './App.vue';
import router from './router';
// 引入 vue-cookies 组件
import vueCookies from 'vue-cookies';
// 将 vue-cookies 组件注册到应用实例
Vue.use(vueCookies);
Vue.config.productionTip = false;


new Vue({
    router,
    render: h => h(App)
}).$mount('#app');
```

如果上述代码一切正常，我们就可以在前端应用的其他地方通过调用以下方法来操作 cookie 了。

- 全局配置 cookie，设置过期时间和 URL。

```
this.$cookies.config(expireTimes[,path]);
// expireTimes：必选实参，用于指定数据项的过期时间
// path：可选实参，用于指定数据项的 URL
// 在默认情况下，expireTimes = 1d , path=/
```

● 添加一个 cookie 数据项。

```
this.$cookies
.set(keyName, value[, expireTimes[, path[, domain[, secure]]]]);
// keyName：必选实参，用于指定数据项的键名
// value：必选实参，用于指定数据项的键值
// expireTimes：可选实参，用于指定数据项的过期时间
// path：可选实参，用于指定数据项的 URL
// domain：可选实参，用于指定数据项的 URL
// secure：可选实参，用于指定数据项是否只能以 HTTPS 的形式发送
```

● 获取指定键名的 cookie 数据项。

```
this.$cookies.get(keyName);
// keyName：必选实参，用于指定数据项的键名
```

● 删除指定键名的 cookie 数据项：

```
this.$cookies.remove(keyName [, path [, domain]]);
// keyName：必选实参，用于指定数据项的键名
// path：可选实参，用于指定数据项的 URL
// domain：可选实参，用于指定数据项的 URL
```

● 检查指定键名的 cookie 数据项是否存在。

```
this.$cookies.isKey(keyName);
// keyName：必选实参，用于指定数据项的键名
```

● 获取当前浏览器中存储的所有 cookie 数据项键名。

```
this.$cookies.keys();
// 返回一个字符串类型的数组，数组的每个元素都是一个数据项的键名
```

　　然后是相对复杂一些的 Vuex 组件，由于该组件是围绕一种被称为 store 的容器机制来管理应用状态的，所以我们配置它的第一步最好是选择单独创建一个 store 实例。具体做法就是先在 code/05_bookComment/webclient/src 目录下创建一个名为 store 的目录，然后在该目录下创建一个名为 index.js 的模块入口文件，并在其中输入以下代码。

```
import Vue from 'vue'
// 引入 Vuex 组件
import vuex from 'vuex'
// 注册 Vuex 组件
Vue.use(Vuex)
// 创建 store 实例
const store = new Vuex.Store({
    state: {
        user: {
```

```
                isLogin: false,
                uid: ''
            }
        },
    mutations: {
        login (state, userData) {
            state.user.isLogin = userData.isLogin;
            state.user.uid = userData.uid;
            localStorage.isLogin = userData.isLogin;
            localStorage.uid = userData.uid;
        },
        logout (state) {
            localStorage.removeItem('uid');
            localStorage.removeItem('isLogin');
            state.user.isLogin = false;
            state.user.uid = '';
        }
    },
    getters: {
        isLogin: function(state) {
            if(localStorage.isLogin === 'true') {
                state.user.isLogin = localStorage.isLogin;
            }
            return state.user.isLogin;
        },
        getUID: function(state) {
            if(localStorage.isLogin === 'true') {
                state.user.uid = localStorage.uid;
            }
            return state.user.uid;
        }
    }
})

export default store;
```

接下来，我们同样需要将这个新建的 store 实例注册到 Vue 应用实例中，具体做法就是在 code/05_bookComment/webclient/src 目录下打开 main.js 文件，并将其内容修改如下。

```
import Vue from 'vue';
import App from './App.vue';
import router from './router';
import vueCookies from 'vue-cookies';
// 引入 store 实例
```

```
import store from './store';

Vue.use(vueCookies);
Vue.config.productionTip = false;

new Vue({
    router,
    store, // 注册 store 实例
    render: h => h(App)
}).$mount('#app');
```

现在，我们就可以在整个前端应用中通过 this.$store 表达式来应用存储在 store 实例中的状态了。例如在当前项目中，我们可以将之前的 Home.vue 修改如下。

```
<template>
    <div class="home">
        <!-- 当用户未登录时，显示如下<div>标签 -->
        <div class="users" v-show="!this.$store.getters.isLogin">
            <input type="button" value="用户登录"
                :class="['tab-button', { active: componentId === 'login' }]"
                @click="componentId='login'">

            <input type="button" value="注册新用户"
                :class="['tab-button',
                            { active: componentId === 'signup' }]"
                @click="componentId='signup'">
            <keep-alive>
                <component
                    class="tab"
                    :is="componentId"
                    @login="login"
                    @goLogin="goLogin">
                </component>
            </keep-alive>
        </div>
        <!-- 当用户完成登录时，显示如下<div>标签 -->
        <div class="users" v-show="this.$store.getters.isLogin">
            <!-- 显示用户信息 -->
        </div>
    </div>
</template>
<script>
import userLogin from '../components/userLogin.vue';
import userSignUp from '../components/userSignUp.vue';
```

```
export default {
    name: 'Home',
    data: function() {
        return {
            componentId: 'login',
        };
    },
    methods: {
        goLogin: function() {
            this.componentId = 'login';
        },
        login: function(userData) {
            this.$cookies.set('uid', userData.uid);
            this.$cookies.set('isLogin', userData.isLogin);
            this.$store.commit('login', userData);
        }
    },
    components: {
        login: userLogin,
        signup : userSignUp
    }
}
</script>
<style scoped>
    @import '../assets/styles/Home.css';
</style>
```

在这里，读者需要注意引用 store 实例与引用一般性全局对象之间的以下不同之处。

- store 实例的状态存储是响应式的，即当某个 Vue 组件中的数据与 store 实例的状态值建立了映射关系之后，只要 store 实例中的状态发生变化，该组件也会相应地得到高效的更新。

- store 实例的状态不能直接修改，改变其状态只能通过显式调用它的 commit() 方法，以触发 Vuex 组件特有的 mutation 消息处理机制来实现，这样做有利于我们日后借助一些外部工具来跟踪应用中每一个状态的变化。

- store 实例的 getters 只读属性需要通过 this.$store.getters.[属性名称] 形式的表达式来访问。例如在上述代码中，我们就是通过 this.$store.getters.isLogin 这个表达式来访问用户的登录状态的。

另外，由于我们这一次在 component 组件中改用触发 login 事件来获取用户登录状态（而不是原先的 v-model 指令），所以务必记得将 userLogin.vue 组件的 login 事件函数中 this.$emit() 方法所触发的事件改为 login，具体如下。

```
login: function() {
    if(this.userName !== '' && this.password !== '') {
```

```
        const userData =  {
            user: this.userName,
            passwd: md5(this.password)
        }
        const that = this;
        axios.post(`/users/session`, Qs.stringify(userData))
        .then(function(res) {
            if(res.statusText === 'OK' &&
                res.data.length == 1) {
                const user = {
                    isLogin: true,
                    uid: res.data[0].uid
                };
                // 向组件的调用方传递 login 事件
                that.$emit('login', user);
            }
        })
        .catch(function(error) {
            if(error.message.indexOf('401') !== -1) {
                window.alert('用户名或密码错误！');
            }
        })
    } else {
        window.alert('用户名与密码都不能为空！');

    }
}
```

8.3.4　第四步：显示用户信息

在用户完成登录之后，我们应该在页面上显示该用户的信息，并允许执行修改密码、退出登录等操作。所以接下来要做的就是在 code/05_bookComment/webclient/src/components 目录下创建一个名为 userMessage.vue 的文件，并在其中输入如下代码。

```
<template>
    <div id="userMessage" class="box">
        <h3> 欢迎回来, {{ userName }} </h3>
        <div class="operation">
            <h4> 可执行的操作： </h4>
            <div class="edit" v-show="isUpdate">
                <table>
                    <tr>
```

```
                    <td>用户名: </td>
                    <td><input type="text" v-model="userName"></td>
                </tr>
                <tr>
                    <td>设置密码: </td>
                    <td><input type="password" v-model="password"></td>
                </tr>
                <tr>
                    <td>重复密码: </td>
                    <td><input type="password"
                               v-model="rePassword"></td>
                </tr>
                <tr>
                    <td><input type="button" value="提交"
                               @click="update"></td>
                    <td><input type="button" value="重置"
                               @click="reset"></td>
                </tr>
            </table>
        </div>
        <ul>
            <li><a href="javascript:void(0)"
                   @click="isUpdate=!isUpdate">
                {{ isUpdate? '取消编辑': '编辑信息' }}
            </a></li>
            <li><a href="javascript:void(0)"
                   @click="logout">退出登录</a></li>
        </ul>
        </div>
    </div>
</template>
<script>
import md5 from 'blueimp-md5';
import axios from 'axios';
import Qs from 'qs' ;

axios.defaults.withCredentials = true;

export default {
    name: 'userMessage',
    data: function() {
        return {
            isUpdate: false,
            userName: '',
            password: '',
```

```
                rePassword: ''
            };
    },
    created: function() {
        const that = this;
        axios.get('/users/' + this.$store.getters.getUID)
        .then(function(res) {
            if(res.statusText === 'OK' &&
                res.data.length == 1) {
                that.userName = res.data[0].userName;
            }
        })
        .catch(function(error) {
            if(error.message.indexOf('401') !== -1) {
                window.alert('你没有权限查看该用户！');
            } else if(error.message.indexOf('404') !== -1) {
                window.alert('用户不存在！');
            } else if(error.message.indexOf('500') !== -1) {
                window.alert('服务器故障，请稍后再试！');
            }
        })
    },
    methods: {
        update: function() {
            if(this.userName !== '' &&
                this.password !== '' &&
                this.rePassword !== '') {
                if(this.password === this.rePassword) {
                    const newMessage = {
                        uid: this.$store.getters.getUID,
                        user: this.userName,
                        passwd: md5(this.password)
                    }
                    const that = this;
                    axios.post('/users/' + newMessage.uid,
                            Qs.stringify(newMessage))
                    .then(function(res) {
                        // console.log(res.statusText);
                        if(res.statusText === 'OK') {
                            window.alert('信息修改成功！');
                            that.isUpdate = false;
                        }
                    })
                    .catch(function(error) {
                        if(error.message.indexOf('403') !== -1) {
```

```
                        window.alert('用户名已被占用！');
                   } else if(error.message.indexOf('400') !== -1) {
                        window.alert('你没有修改权限！');
                   } else if(error.message.indexOf('500') !== -1) {
                        window.alert('服务器故障，请稍后再试！');
                   }
               });
           } else {
               window.alert('你两次输入的密码不一致！');
           }
       } else {
           window.alert('请正确填写注册信息！');
       }
   },
   logout: function() {
       this.$emit('logout');
   },
   reset: function() {
       this.userName = '';
       this.password = '';
       this.rePassword = '';
   }
   }
}
</script>
<style>
   .box {
       width: 95%;
   }
   .box h3 {
       padding: 6px 10px;
       border-top-left-radius: 3px;
       border-top-right-radius: 14px;
       border: 1px solid #42b983;
       background: #f0f0f0;
       margin: 0px;
   }
   .box .operation {
       border: 1px solid #42b983;
       padding: 5px;
   }
</style>
```

　　在上述代码中，我们在处理组件的 created 生命周期事件时调用了 axios.get() 方法来获取用户信息，该操作会将我们在登录时获得的用户 uid 存储在 store 实例中。

由于这次调用不需要提供额外的 GET 请求参数，所以我们在调用 axios.get()方法时提供用于查询用户信息的 RESTful API 的 URI 即可。然后，在用户单击"编辑信息"超链接时，界面上将会出现修改用户信息的表单，对这个表单的处理与对用户注册的处理基本相同，在调用 axios.post()方法时指定用于修改用户信息的 RESTful API 的 URI 即可。最后，在用户单击"退出登录"超链接时，就会触发 userMessage 组件的自定义事件，该事件将会注销用户的登录状态，我们在这里选择将事件消息直接传递给该组件的调用方，由后者统一处理用户的登录状态。稍后，我们将会在 Home.vue 页面中定义该事件的处理函数。

　　在定义完 userMessage 组件之后，我们最后要做的就是将它引入 Home.vue 文件所定义的用户界面中，并使用 v-if 指令让其在用户登录成功之后载入该界面中，具体做法就是将之前的 Home.vue 文件修改如下。

```
<template>
    <div class="home">
        <div class="users" v-if="!this.$store.getters.isLogin">
            <input type="button" value="用户登录"
                :class="['tab-button', { active: componentId === 'login' }]"
                @click="componentId='login'">

            <input type="button" value="注册新用户"
                :class="['tab-button',
                        { active: componentId === 'signup' }]"
                @click="componentId='signup'">
            <keep-alive>
                <component
                    class="tab"
                    :is="componentId"
                    @login="login"
                    @goLogin="goLogin">
                </component>
            </keep-alive>
        </div>
        <div class="users" v-if="this.$store.getters.isLogin">
            <!-- 加入用户信息的界面元素 -->
            <user-message @logout="logout"></user-message>
        </div>
    </div>
</template>
<script>
import userLogin from '../components/userLogin.vue';
import userSignUp from '../components/userSignUp.vue';
// 引入 userMessage 组件
```

```
import userMessage from '../components/userMessage.vue';

export default {
    name: 'Home',
    data: function() {
        return {
            componentId: 'login',
        };
    },
    methods: {
        goLogin: function() {
            this.componentId = 'login';
        },
        login: function(userData) {
            this.$cookies.set('uid', userData.uid);
            this.$cookies.set('isLogin', userData.isLogin);
            this.$store.commit('login', userData);
        },
        // 定义 userMessage 组件的 logout 事件
        logout: function() {
            this.$cookies.remove('uid');
            this.$cookies.remove('isLogin');
            this.$store.commit('logout');
        }
    },
    components: {
        'login': userLogin,
        'signup' : userSignUp,
        'user-message': userMessage  // 引入 userMessage 组件
    }
}
</script>
<style scoped>
    @import '../assets/styles/Home.css';
</style>
```

　　在上述代码中，我们用注释的方式标出了新增的内容。具体来说，就是先在 Home.vue 文件的\<script\>部分引入之前定义的 userMessage 组件，并将其注册到 Vue 应用实例中。然后在 Home.vue 文件的\<template\>部分的第二个\<div class="users"\>标签中引入与该组件对应的自定义标签，并设计好相应的样式。

　　当然，正如之前所说，在 Home.vue 文件中引入 userMessage 组件的同时，我们还务必定义其 logout 自定义事件的处理函数，以便对用户的登录状态进行逐一处理。这一步骤是非常必要的，切勿遗漏。

8.4　本章小结

在本章中，我们着重介绍了短书评应用在 PC 端浏览器的实现。在这个过程中，我们首先介绍了如何使用 Node.js 平台来搭建针对 Vue.js 项目的 Web 服务。然后，陆续介绍了如何利用 vue-router 组件实现前端应用的多页面路由，如何借助 axios 这样的第三方网络请求库来调用 RESTful API，如何使用 Vuex 组件实现前端应用的状态管理。

至此，短书评应用的用户登录与注册功能就算是有了一个基本的实现，我们将在第 9 章中继续实现图书信息的管理与评论功能。

第 9 章　PC 端浏览器应用开发（下篇）

在第 8 章中，我们为读者演示了如何在 PC 端浏览器上为短书评应用构建和用户登录与注册功能相关的用户界面，并借助这个演示过程初步介绍了 RESTful API 的调用方法，以及在前端应用中保存用户登录状态的方法。在本章中，我们将继续完成短书评应用在 PC 端浏览器上的实现，以演示如何基于 Vue.js 框架来实现一个标准的信息管理系统。在学习完本章内容之后，希望读者能够：

- 更进一步掌握使用 axios 请求库调用 RESTful API 的方法，以实现面向数据库的增、删、改、查功能；
- 更熟练掌握如何使用 vue-router 组件实现前端应用的多界面跳转以及这些界面间的数据传递；
- 掌握如何在前、后端之间传递图片、日期等特殊类型的数据，并将它们呈现在用户界面中。

9.1　管理图书信息

根据一般使用习惯，短书评应用的用户应该会希望在打开 Home.vue 文件所定义的应用程序主界面时，除了能看到与用户登录与注册相关功能的界面元素，还能看到一个图书列表。然后经由这个列表，用户就可以进入每一本书的书评界面，进行后续的信息阅读与评论操作。所以接下来，我们首先要解决的任务就是实现图书列表与图书信息管理相关的功能。

9.1.1　图书列表组件

根据 Vue.js 前端应用的设计惯例，我们也同样要以 Vue 组件的形式将图书列表功能引入 Home.vue 文件所定义的主界面中。具体做法与之前引入用户信息组件的方式是基本相同的，即首先在 Home.vue 文件的<template>部分引入代表图书列表组件所对应的自定义标签，具体代码如下。

```
<template>
    <div class="home">
        <div class="users" v-if="!this.$store.getters.isLogin">
            <input type="button" value="用户登录"
                :class="['tab-button',
                        { active: componentId === 'login' }]"
                @click="componentId='login'">

            <input type="button" value="注册新用户"
                :class="['tab-button',
                        { active: componentId === 'signup' }]"
                @click="componentId='signup'">
            <keep-alive>
                <component
                    class="tab"
                    :is="componentId"
                    @login="login"
                    @goLogin="goLogin">
                </component>
            </keep-alive>
        </div>
        <div class="users" v-if="this.$store.getters.isLogin">
            <user-message @logout="logout"></user-message>
        </div>
        <div class="main">
            <!-- 引入图书列表组件的自定义标签 -->
            <book-list></book-list>
        </div>
    </div>
</template>
```

在上述代码中，我们在应用程序的主界面中新增了一个<div class="main">标签，并在其中引入了一个名为<book-list>的自定义标签。接下来要做的就是继续在 Home.vue 文件的<script>部分中将该自定义标签注册为一个指定的 Vue 组件，具体代码如下。

```
import userLogin from '@/components/userLogin.vue';
import userSignUp from '@/components/userSignUp.vue';
```

```
import userMessage from '@/components/userMessage.vue';
// 导入 bookList 组件所在的文件
import bookList from '@/components/bookList.vue';

export default {
    name: 'Home',
    data: function() {
        return {
            componentId: 'login',
        };
    },
    methods: {
        goLogin: function() {
            this.componentId = 'login';
        },
        login: function(userData) {
            this.$cookies.set('uid', userData.uid);
            this.$cookies.set('isLogin', userData.isLogin);
            this.$store.commit('login', userData);
        },
        logout: function() {
            console.log('logout...');
            this.$cookies.remove('uid');
            this.$cookies.remove('isLogin');
            this.$store.commit('logout');
        }
    },
    components: {
        login: userLogin,
        signup : userSignUp,
        'user-message': userMessage,
        'book-list': bookList      // 注册 bookList 组件的自定义标签
    }
}
```

　　如读者所见，我们在上述代码中首先导入了一个名为 bookList.vue 的 Vue 自定义组件文件，然后将该组件注册到了之前使用的<book-list>标签上。这样一来，我们就基本完成了应用程序主界面的定义工作，剩下的工作就是具体定义这个 bookList 组件了。为此，我们需要先在 code/05_bookComment/webclient/src/ components 目录下创建上面导入的这个 bookList.vue 组件文件，然后在该文件的<template>部分中，将 bookList 组件的界面主体设计成一个<table>元素。

```
<template>
    <div id="booklist">
```

```
<table class="list">
    <tr>
        <th>图书</th>
        <th>作者</th>
        <th>出版社</th>
        <th>出版日期</th>
        <th>操作</th>
    </tr>
    <tr v-for="book in books" :key="book.bid">
        <td>
            <img :src="book.bookFace" :alt="book.bookName"></td>
        <td>
            {{ book.authors }}
        </td>
        <td>
            {{ book.publishingHouse }}
        </td>
        <td>
            {{ (new Date(book.publishDate)).toLocaleDateString() }}
        </td>
        <td>
            <ul>
                <li><router-link :to="'/bookComment/'+book.bid">
                        查看书评
                </router-link></li>
                <li><router-link :to="'/editBook/'+book.bid">
                        修改图书
                </router-link></li>
                <li><a href="javascript:void(0)"
                        @click="deleteBook(book.bid)">
                        删除图书
                </a></li>
            </ul>
        </td>
    </tr>
</table>
    </div>
</template>
```

　　在上述代码中，我们在\<table\>元素中利用 v-for 指令来遍历一个名为 books 的数据对象，以此来逐行列出图书信息。这意味着，bookList 组件需要在其 created 生命周期事件被触发时从应用程序的后端中获取到存储在后端数据库中所有图书信息，并将其存储到 books 数据对象中。同样地，在正式动手实现 created 事件的处理函数之前，让我们先来回顾之前在 books.js 文件中实现的后端模块，该模块中用于获取图书列表的 RESTful API 是像下面这样实现的。

```
books_api.getList = function (res, responseError) {
    sqliteDB('books').select('*')
    .then(function (data) {
        res.writeHead(200, {
            "Content-Type": "application/json"
        });
        res.end(JSON.stringify(data));
    })
    .catch(message => responseError(res, {
        status: 500,
        message: message
    })));
};
```

　　根据之前在第 7 章中的设计，该 API 响应的是 GET 请求，其 URI 为/books/list，而且并不需要提供额外的 GET 请求参数，也不需要用户登录权限。所以，获取图书列表数据的操作是相对比较简单的，我们只需在 bookList.vue 文件的<script>部分中输入如下代码。

```
import axios from 'axios'

export default {
    name: 'bookList',
    data: function() {
        return {
            books: []
        };
    },
    created: function() {
        const that = this;
        // 向 /books/list 发送 GET 请求
        axios.get('/books/list')
        .then(function(res) {
            if(res.statusText === 'OK') {
                that.books = res.data;
            }
        })
        .catch(function(error) {
            if(error.message.indexOf('500') !== -1) {
                window.alert('服务器故障，请稍后再试！');
            }
        })
    }
```

```
,
    methods: {
        deleteBook: function(bid) {
            // 稍后实现
        }
    }
}
```

当然，我们目前在这个短书评应用的主界面中依然还看不到这个图书列表组件列出任何图书信息，因为还没有任何图书信息被录入该应用的后端数据库。所以，我们接下来的任务就是为该应用创建一个用于录入图书信息的用户界面。

9.1.2　添加图书信息

在信息管理类应用中，用户在前端界面中向后端数据库添加新数据的操作通常是通过表单类界面组件来完成的。在基于 Vue.js 框架的前端设计中，添加表单类界面组件的方式是非常灵活的。我们既可以选择和之前一样，直接在 Home.vue 文件定义的主界面中添加相应组件，然后使用 v-if 或 v-show 这样的指令来动态切换界面组件，也可以选择单独创建一个和 Home.vue 文件同级的视图组件，并将这部分功能定义成一个独立的用户界面。在这里，为了更形象地演示使用 vue-router 组件切换用户界面的具体方法，我们将这个用于添加图书信息的用户界面设计成一个独立的视图组件。为此，我们需要先在 code/05_bookComment/webclient/src/views 目录下创建一个名为 submit-Book.vue 的视图定义文件，并在其中输入如下代码。

```
<template>
    <div id="submitBook">
        <!-- 引入 bookForm 组件的自定义标签 -->
        <book-form bookid="newBook" @success="success"></book-form>
    </div>
</template>
<script>
// 导入 bookForm 组件所在的文件
import bookForm from '@/components/bookForm.vue';

export default {
    name: 'submitBook',
    components: {
        'book-form': bookForm
    },
    methods: {
        success: function() {
            // 将用户所在界面的设置为 Home 界面
```

```
            this.$router.push({ name: 'Home' });
            // 让浏览器刷新界面
            this.$router.go(0);
        }
    }
}
</script>
```

　　正如读者所见，在这个用户界面的定义中，我们只加载了一个名为 bookForm 的自定义表单组件，并设定在该组件的 success 自定义事件被触发时利用 vue-router 组件实例的 push() 方法从用户所在的界面跳转回 Home.vue 所定义的主界面。需要特别说明的是，我们之所以要将录入图书信息相关的表单元素独立封装成一个组件，是因为稍后在实现"修改图书信息"的用户界面时还会重用该表单元素，这样做可以提高代码的可重用性，减少不必要的重复劳动。接下来的任务就是实现这个 bookForm 组件，为此，我们需要先在 code/05_bookComment/webclient/src/components 目录下创建一个名为 bookForm.vue 的组件定义文件，然后在该文件的<template>部分中，将 bookForm 组件的界面主体设计成一个表单元素，代码如下。

```
<template>
    <div id="bookform">
        <div class="face">
            <img :src="bookFace" alt="封面图">
            <input value="上传封面" type="file" @change="uploadImage($event)">
        </div>
        <table class="message">
            <tr>
                <td>新书名称: </td>
                <td><input type="text" v-model="bookName"></td>
            </tr>
            <tr>
                <td>作者: </td>
                <td><input type="text" v-model="authors"></td>
            </tr>
            <tr>
                <td>出版社: </td>
                <td><input type="text" v-model="publishingHouse"></td>
            </tr>
            <tr>
                <td>出版日期: </td>
                <td><input type="date" v-model="publishDate"></td>
            </tr>
            <tr>
                <td><input type="button" value="提交"
```

```
                          @click="submitBook">
            </td>
            <td><input type="button" value="重置"
                          @click="reset">
            </td>
         </tr>
      </table>
   </div>
</template>
```

接下来需要特别注意的是，在上述表单元素被载入用户界面之前，我们务必要记得对表单的作用做一个判断。这里具体采用的方法是：当 bookForm 组件的自定义属性 bookid 的值为 newBook 时，这个表单的作用就是添加新的图书信息，在这种情况下就只需要做一些简单的初始化工作；而当 bookid 属性的值为[图书的 ID]时，我们就需要在该组件的 created 事件被触发时去后端数据库中获取指定图书的数据。所以在正式动手实现 created 事件的处理函数之前，我们还是要先回到之前的 books.js 文件中，看看 books 模块中用于获取指定图书信息的 RESTful API，它是像下面这样实现的。

```
books_api.getData = function (req, res, responseError) {
    const query = req.url.split('/').pop();
    if (isNaN(Number(query)) === false) {
        sqliteDB('books').select('*')
        .where('bid', query)
        .then(function (data) {
            res.writeHead(200, {
                "Content-Type": "application/json"
            });
            res.end(JSON.stringify(data));
        })
        .catch(message => responseError(res, {
            status: 500,
            message: message
        }));
    } else {
        responseError(res, {
            status: 404,
            message: 'query_err'
        });
    }
};
```

根据我们在第 7 章中的设计，该 API 响应的是 GET 请求，其 URI 为/books/<图书的 ID>。所以在 bookForm.vue 文件的<script>部分中，我们可以初步输入以下代码。

```
import axios from 'axios';
import Qs from 'qs';

axios.defaults.withCredentials = true;

export default {
    name: 'bookform',
    props: ['bookid'],
    data: function() {
        return {
            bookName: '',
            bookFace: '',
            authors: '',
            publishingHouse: '',
            publishDate: new Date()
        };
    },
    created: function() {
        if(this.bookid === 'newBook') {
            this.bookFace = require('../assets/default.png');
        } else {
            const that = this;
            axios.get('/books/' + this.bookid)
            .then(function(res) {
                if(res.statusText === 'OK' &&
                    res.data.length == 1) {
                    that.bookFace = res.data[0].bookFace;
                    that.bookName = res.data[0].bookName;
                    that.authors = res.data[0].authors;
                    that.publishingHouse = res.data[0].publishingHouse;
                    that.publishDate = res.data[0].publishDate;
                }
            })
            .catch(function(error) {
                if(error.message.indexOf('404') !== -1) {
                    window.alert('被查询的图书不存在！');
                } else if(error.message.indexOf('500') !== -1) {
                    window.alert('服务器故障，请稍后再试！');
                }
            });
        }
    },
    methods: {
        uploadImage: function(event) {
            const file = event.target.files[0];
```

```
        const reader = new FileReader();
        reader.readAsDataURL(file);
        reader.onload = function(event) {
            // 将图片文件读取为 Base64 编码数据
            const imgcode = event.target.result;
            this.bookFace = imgcode
        }
    },
    submitBook: function() {
        // 稍后实现
    },
    reset: function() {
        this.bookName = '';
        this.authors = '';
        this.publishingHouse = '';
        this.publishDate = new Date();
        this.bookFace = require('../assets/default.png');
    }
  }
}
```

　　值得一提的是，由于我们这一次需要将上传的封面图片直接作为数据存储到后端数据库中，所以在这里需要为`<input type="file">`元素注册一个 change 事件的处理函数 uploadImage()。在该处理函数中，我们会将该元素读取到的图片文件转换成Base64 编码数据。这样一来，我们就可以将其以字符串的形式发送给后端的 RESTful API。接下来的任务就是要实现用于向后端提交表单数据的 submitBook()方法。同样地，在正式开始使用 axios 库向后端提交数据之前，我们需要查看 books.js 文件，确认books 模块中用于添加和修改图书信息的 RESTful API 是如何实现的，具体代码如下。

```
//处理添加图书请求
books_api.addData = function (req, res, responseError) {
    if (cookie.isLogin(req)) {
        // 检查用户登录状态
        let formData = '';
        req.on('data', function (chunk) {
            formData += chunk;
        });
        req.on('end', function () {
            const bookInfo = queryString.parse(formData.toString());
            if (bookInfo !== {}) {
                // 将图书信息写入数据库
                sqliteDB('books').insert({
                    bookName : bookInfo.bookName,
                    bookFace : bookInfo.bookFace,
```

```
                    authors : bookInfo.authors,
                    publishingHouse: bookInfo.publishingHouse,
                    publishDate: new Date(bookInfo.publishDate)
                })
                .then(function () {
                    res.writeHead(200, {
                        "Content-Type": "application/json"
                    });
                    res.end('book_added');
                })
                .catch(message => responseError(res, {
                    status: 500,
                    message: message
                }));
            } else {
                responseError(res, {
                    status: 400,
                    message: 'book_signup_err'
                });
            }
        });
    } else {
        return responseError(res, {
            status: 401,
            message: 'premission_err'
        });
    }
};

//处理图书信息修改请求
books_api.updateData = function (req, res, responseError) {
    const query = req.url.split('/').pop();
    if (isNaN(Number(query)) === false) {
        if (cookie.isAdmin(req) === false) {
            return responseError(res, {
                status: 401,
                message: 'premission_err'
            });
        }
        let formData = '';
        req.on('data', function (chunk) {
            formData += chunk;
        });
        req.on('end', function () {
            const bookInfo = queryString.parse(formData.toString());
```

```
        if (bookInfo !== {}) {
            sqliteDB('books').insert({
                bookName : bookInfo.bookName,
                bookFace : bookInfo.bookFace,
                authors : bookInfo.authors.join(';'),
                publishingHouse: bookInfo.publishingHouse,
                publishDate: new Date(bookInfo.publishDate)
            })
            .then(function () {
                res.writeHead(200, {
                    "Content-Type": "application/json"
                });
                res.end('book_added');
            })
            .catch(message => responseError(res, {
                status: 500,
                message: message
            }));
        } else {
            responseError(res, {
                status: 400,
                message: 'data_updated_err'
            });
        }
    });
} else {
    responseError(res, {
        status: 404,
        message: 'query_err'
    });
}
};
```

根据之前在第 7 章中的设计，这两个 API 响应的是 POST 请求，其 URI 分别为
/books/newbook 和/books/[图书的 ID]，我们在前端调用它们时需要额外提供新
增图书的数据对象作为 POST 请求参数，并告知后端自己已获得用户登录权限。所以要
想完成新增图书的功能，我们现在需要将之前 submitBook() 方法定义如下。

```
submitBook: function() {
    const book = {
        bookName: this.bookName,
        bookFace: this.bookFace,
        authors: this.authors,
        publishingHouse: this.publishingHouse,
        publishDate: this.publishDate.toString()
```

```
    };
    const that = this;
    let url = '';
    // 先判断一下是新增数据操作还是修改数据操作
    if(this.bookid === 'newBook') {
        url = '/books/newbook';
    } else {
        url = '/books/' +that.bookid;
    }
    axios.post(url, Qs.stringify(book))
    .then(function(res) {
        if(res.statusText === 'OK') {
            window.alert('图书信息上传成功！');
            that.$emit('success');
        }
    })
    .catch(function(error) {
        if(error.message.indexOf('400') !== -1) {
            window.alert('图书信息上传失败！');
        } else if(error.message.indexOf('500') !== -1) {
            window.alert('服务器故障，请稍后再试！');
        }
    })
}
```

正如读者所见，我们在调用 `axios.post()`方法提交数据之前，也同样需要通过 `bookForm`组件的`bookid`属性判断当前执行的是新增数据操作还是修改现有数据的操作，以确定其具体要调用的 RESTful API。至此，我们用于新增图书的用户界面就构建完成了，最后要做的就是将`submitBook.vue`界面组件相关的路由链接添加到主界面的某个合适的位置上。在这里，我们将该链接添加到 `userMessage.vue` 组件中，为此需要将该组件文件的`<template>`部分中的`<ul>`元素修改如下。

```
<ul>
    <li><a href="javascript:void(0)" @click="isUpdate=!isUpdate">
        {{ isUpdate? '取消编辑': '编辑信息' }}
    </a></li>
    <!-- 添加 submitBook 界面组件的路由链接 -->
    <li><router-link to="/submitBook">添加图书</router-link></li>
    <li><a href="javascript:void(0)" @click="logout">退出登录</a></li>
</ul>
```

当然，读者也可以按照自己的喜好将该链接放到`bookList`组件所在界面中的某个合适位置上。但无论最终选择将该路由链接放在哪里，我们都务必要记得将`submitBook.vue` 文件注册到 vue-router 路由组件的实例中。具体做法就是打开 `code/05_book-`

Comment/webclient/src/router 目录下的 index.js 文件，将其中的 routes 对象修改如下。

```
const routes = [
    {
        path: '/',
        name: 'Home',
        component: Home
    },
    {
        path: '/about',
        name: 'About',
        component: () => import('../views/About.vue')
    },
    {   // 添加 submitBook 视图组件的路由配置
        path: '/submitBook',
        name: 'submitBook',
        component: () => import('../views/submitBook.vue')
    }
}
```

9.1.3　修改图书信息

正如之前所说，bookForm 组件同时也可以用来修改指定图书的信息。所以接下来，我们继续来演示如何实现用于修改图书信息的用户界面。为了便于与之前用于添加图书信息的界面进行比较，该界面也被设计成了一个独立的用户界面。我们在之前的 bookList 组件的界面元素中已经为每一本书设置了用于修改信息的路由链接，它们是这样的。

```
<router-link :to="'/editBook/'+book.bid">
    修改图书
</router-link>
```

想必细心的读者已经发现了，与之前路由链接不同的是，我们这一次向被路由的用户界面传递了一个 book.bid 的值作为参数，目的是在程序运行时指定要修改的图书。这就涉及 vue-router 组件如何向视图组件传递参数的问题了。该问题的解决方案非常简单，首先，我们需要在 index.js 文件中，将修改图书信息界面所在的 path 选项配置为 "/[前端 URL]/:[参数名]" 的形式，例如在这里，我们可以将用于修改图书信息的视图组件配置如下。

```
{
    path: '/editBook/:bid',
    name: 'editBook',
    component: () => import('../views/editBook.vue')
}
```

上述代码中 bid 就是路由链接可以传递的参数，它会自动读取我们之前通过 book.
bid 传递的值。接下来，我们就只需要在 code/05_bookComment/webclient/src/
views 目录下创建 editBook.vue 界面组件的定义文件，并在其中使用 this.$route.
params.[参数名]形式的表达式来引用之前在路由表中定义的参数，具体代码如下。

```
<template>
    <div id="editBook">
        <book-form
            :bookid="this.$route.params.bid"
            @success="success">
        </book-form>
    </div>
</template>
<script>
import bookForm from '@/components/bookForm.vue';

export default {
    name: 'editBook',
    components: {
        'book-form': bookForm
    },
    methods: {
        success: function() {
            this.$router.push({ name: 'Home' });
            this.$router.go(0);
        }
    }
}
</script>
```

9.1.4　删除图书信息

删除图书信息是整个图书信息管理功能中较为容易实现的一项操作，我们在之前的
bookList 组件的界面元素中也已经为每一本书设置了用于删除图书信息的链接，它们
是这样的。

```
<a href="javascript:void(0)" @click="deleteBook(book.bid)">
    删除图书
</a>
```

接下来，我们在 bookList 组件的代码中实现上面这个 click 事件的处理函数即
可。同样地，在正式开始使用 axios 库向后端提交删除数据的请求之前，我们还是需要

查看 `books.js` 文件，确认 `books` 模块中用于删除图书信息的 RESTful API 是如何实现的，具体代码如下。

```
books_api.deleteData = function (req, res, responseError) {
    const query = req.url.split('/').pop();
    if (isNaN(Number(query)) === false) {
        if (cookie.isAdmin(req) === false) {
            return responseError(res, {
                status: 401,
                message: 'premission_err'
            });
        }
        sqliteDB('books').delete()
        .where('bid', query)
        .then(function () {
            res.writeHead(200, {
                "Content-Type": "application/json"
            });
            res.end('book_deleted');
        })
        .catch(message => responseError(res, {
            status: 500,
            message: message
        }));
    } else {
        responseError(res, {
            status: 404,
            message: 'query_err'
        });
    }
};
```

　　根据我们在第 7 章中的设计，该 API 响应的是 DELETE 请求，其 URI 为 `/books/[图书的 ID]`，不需要提供额外的请求参数，但需要用户具备管理员权限。所以，我们现在要做的就是将 `bookList.vue` 文件中 `<script>` 部分的代码修改如下。

```
import axios from 'axios'

axios.defaults.withCredentials = true;

export default {
    name: 'booklist',
    data: function() {
        return {
            books: []
```

```
            };
        },
        created: function() {
            this.getBooks();
        },
        methods: {
            deleteBook: function(bid) {
                const that = this;
                axios.delete('/books/' + bid)
                .then(function(res) {
                    if(res.statusText === 'OK') {
                        that.getBooks();
                    }
                })
                .catch(function(error) {
                    if(error.message.indexOf('401') !== -1) {
                        window.alert('你没有删除权限！');
                    } else if(error.message.indexOf('400') !== -1) {
                        window.alert('图书删除错误！');
                    } else if(error.message.indexOf('500') !== -1) {
                        window.alert('服务器故障，请稍后再试！');
                    }
                });
            },
            getBooks: function() {
                const that = this;
                axios.get('/books/list/')
                .then(function(res) {
                    if(res.statusText === 'OK') {
                        that.books = res.data;
                    }
                })
                .catch(function(error) {
                    if(error.message.indexOf('500') !== -1) {
                        window.alert('服务器故障，请稍后再试！');
                    }
                })
            }
        }
    }
}
```

　　需要注意的是，上述代码中除了新增了用于执行删除图书信息任务的 deleteBook() 方法外，我们还对原有的实现进行了一些修改。这是因为在删除图书操作完成之后也需要重新获取图书列表数据，并更新图书列表界面中的内容。所以这一次，我们选择将用于获取图书列表的操作独立封装成一个名为 `getBooks()` 的方法，以便它可以被 `created()` 和 `deleteBook()` 这两个事件处理函数重复调用。

9.2　实现评论功能

下面，我们来实现图书的评论界面。该界面中应该呈现被评论图书的基本信息，并列出相应图书下面所有的用户评论，所以它也应该是一个独立的用户界面。这意味着该用户界面的实现步骤与之前修改图书信息的界面是类似的。首先，我们在图书列表界面中预先为每一本书设置一个"查看书评"的路由链接，该链接的标签设置如下。

```
<router-link :to="'/bookComment/'+book.bid">
    查看书评
</router-link>
```

正如读者所见，这里设置的也是一个带参数的路由链接，所以同样地，我们首先要做的就是在 vue-router 路由组件的实例对象中修改 `routes` 配置项，将上述链接所对应的视图组件配置如下。

```
{
    path: '/bookComment/:bid',
    name: 'bookComment',
    component: () => import('../views/bookComment.vue')
}
```

接下来，我们就可以正式地来思考如何创建这个用于查看和添加书评的用户界面了。正如之前所说，这也是一个独立的视图组件，所以我们也需要先在 `code/05_bookComment/webclient/src/views` 目录下创建一个名为 `bookComment.vue` 的视图组件文件，并在其中输入如下代码。

```
<template>
    <div id="bookComment">
        <div class="bookMessage">
            <book-message :bookid="this.$route.params.bid"></book-message>
        </div>
        <div class="postList">
            <post-list :bookid="this.$route.params.bid"></post-list>
        </div>
    </div>
</template>
<script>
import bookMessage from '@/components/bookMessage.vue';
import postList from '@/components/postList.vue';

export default {
```

```
    name: 'bookComment',
    components: {
        'book-message': bookMessage,
        'post-list': postList
    }
}
</script>
```

　　在上述代码中，我们按照一开始的功能设计将用户界面划分成了两个组件。其中，bookMessage 组件的作用是显示当前图书的基本信息，而 postList 组件则用于列出当前图书下的用户评论，并且在用户已经登录的情况下还会提供用于添加评论的表单界面。下面，就让我们来分别实现这两个组件。

9.2.1　显示图书信息

　　对于获取并显示指定图书信息的操作，我们事实上在之前实现 bookForm 组件的时候已经演示过，在这里，我们将之前的各种<input>标签替换成直接显示文本信息的模板变量即可。具体做法就是在 code/05_bookComment/webclient/src/components 目录下创建一个名为 bookMessage.vue 的组件定义文件，然后在该文件中输入如下代码。

```
<template>
    <div id="bookMessage">
        <div class="face">
            <img :src="bookFace" alt="封面图">
        </div>
        <table class="message">
            <tr>
                <td>书名：</td>
                <td> {{ bookName }} </td>
            </tr>
            <tr>
                <td>作者：</td>
                <td> {{ authors }} </td>
            </tr>
            <tr>
                <td>出版社：</td>
                <td> {{ publishingHouse }} </td>
            </tr>
            <tr>
                <td>出版日期：</td>
                <td> {{ publishDate }} </td>
            </tr>
```

```
                    </table>
            </div>
    </template>

    <script>
    import axios from 'axios';

    axios.defaults.withCredentials = true;

    export default {
        name: 'bookMessage',
        props: ['bookid'],
        data: function() {
            return {
                bookName: '',
                bookFace: '',
                authors: '',
                publishingHouse: '',
                publishDate: new Date()
            };
        },
        created: function() {
            const that = this;
            axios.get('/books/' + this.bookid)
            .then(function(res) {
                if(res.statusText === 'OK' &&
                    res.data.length == 1) {
                    that.bookFace = res.data[0].bookFace;
                    that.bookName = res.data[0].bookName;
                    that.authors = res.data[0].authors;
                    that.publishingHouse = res.data[0].publishingHouse;
                    that.publishDate
                        = res.data[0].publishDate.toLocaleDateString();
                }
            })
            .catch(function(error) {
                if(error.message.indexOf('404') !== -1) {
                    window.alert('被查询的图书不存在！');
                } else if(error.message.indexOf('500') !== -1) {
                    window.alert('服务器故障，请稍后再试！');
                }
            });
        }
    }
    </script>
    <!-- 样式部分省略 -->
```

9.2.2　实现书评列表

　　对于接下来要实现的 postList 组件，我们实际上设计的是一个功能类似于留言本的子应用，该应用主要由两部分组成：第一部分的功能是列出当前图书下面的所有用户评论，它应该是一个利用 v-for 指令动态生成的<table>元素；第二部分的功能是让已登录用户提交评论，它应该是一个简单的表单元素。因此，我们接下来可以在之前的 components 目录下创建一个名为 postList.vue 的组件定义文件，并将其中的<template>部分定义如下。

```html
<template>
    <div id="postList">
        <h2>图书评论 （共 {{ posts.length }} 条)</h2>
        <table class="posts">
            <tr v-for="post in posts" :key="post.pid">
                <label for="postTitle">{{ post.postTitle }}</label>
                <div class="postContent">
                    {{ post.postContent }}
                </div>
            </tr>
        </table>
        <div class="newpost" v-if="this.$store.getters.isLogin">
            <h2>提交新评论: </h2>
            <table>
                <tr>
                    <td>书评标题: </td>
                    <td>
                        <input type="text" v-model="newPostTitle" />
                    </td>
                </tr>
                <tr>
                    <td>笔记内容: </td>
                    <td>
                        <textarea rows="10" v-model="newPostText" />
                    </td>
                </tr>
                <tr>
                    <td><input type="button" value="提交"
                            @click="addPost">
                    </td>
                    <td><input type="button" value="重置"
                            @click="reset">
                    </td>
                </tr>
            </table>
```

```
        </div>
    </div>
</template>
```

正如读者所见，<table>部分的实现和之前 bookList 组件中类似功能的实现是大同小异的，所以我们要做的就是在该组件的 created 事件处理函数中从后端数据库获取针对指定图书的所有评论，然后将其存储到一个名为 posts 的数据对象中，并交由上述代码中的 v-for 指令进行遍历。而在 posts.js 文件定义实现的后端模块中，该模块中用于获取指定图书的评论列表的 RESTful API 是像下面这样实现的。

```
posts_api.getBookList = function (req, res, responseError) {
    const query = req.url.split('/').pop();
    if (isNaN(Number(query)) === false) {
        sqliteDB('posts').select('*')
        .where('bid', query)
        .then(function (data) {
            res.writeHead(200, {
                "Content-Type": "application/json"
            });
            res.end(JSON.stringify(data));
        })
        .catch(message => responseError(res, {
            status: 500,
            message: message
        }));
    } else {
        responseError(res, {
            status: 404,
            message: 'query_err'
        });
    }
};
```

根据之前在第 7 章中的设计，该 API 响应的是 GET 请求，其 URI 为/posts/booklist/[图书的 ID]，且不需要用户登录权限，因此我们现在可以初步将 postList.vue 组件的<script>部分编写如下。

```
import axios from 'axios';
import Qs from 'qs';

axios.defaults.withCredentials = true;

export default {
    name: "postList",
    props:['bookid'],
```

```
        data: function() {
            return {
                posts: [],
                newPostTitle:'',
                newPostText:'',
                uid:''
            };
        },
        created: function() {
            this.uid = this.$store.getters.getUID;
            this.getPosts();
        },
        methods: {
            getPosts: function() {
                const that = this;
                axios.get('/posts/booklist/' + this.bookid)
                .then(function(res) {
                    if(res.statusText === 'OK') {
                        that.posts = res.data;
                    }
                })
                .catch(function(error){
                    if(error.message.indexOf('400') !== -1) {
                        window.alert('相关图书下面尚无书评！');
                    } else if(error.message.indexOf('500') !== -1) {
                        window.alert('服务器故障，请稍后再试！');
                    }

                });
            },
            addPost: function() {
                // 稍后实现
            },
            reset: function() {
                this.newNoteTitle = '';
                this.newNoteText = '';
            }
        }
    }
};
```

接下来要实现的是用于提交评论的功能,在之前的 `posts.js` 文件定义实现的后端模块中，该模块中用于提交评论数据的 RESTful API 是像下面这样实现的。

```
posts_api.addData = function (req, res, responseError) {
    let formData = '';
```

```
req.on('data', function (chunk) {
    formData += chunk;
});
req.on('end', function () {
    const postInfo = queryString.parse(formData.toString());
    if (postInfo !== {}) {
        if (cookie.isLogin(req)) {
            return responseError(res, {
                status: 401,
                message: 'premission_err'
            });
        }
        sqliteDB('posts').insert({
            uid : postInfo.uid,
            bid : postInfo.bid,
            postTitle : postInfo.postTitle,
            postContent: postInfo.postContent,
            postDate: postInfo.postDate
        })
        .then(function () {
            res.writeHead(200, {
                "Content-Type": "application/json"
            });
            res.end('post_added');
        })
        .catch(message => responseError(res, {
            status: 500,
            message: message
        }));
    } else {
        responseError(res, {
            status: 400,
            message: 'post_signup_err'
        });
    }
});
};
```

　　根据之前在第 7 章中的设计，这个 API 响应的是 POST 请求，其 URI 为/posts/
newpost，我们在前端调用它时需要额外提供新增图书的数据对象作为 POST 请求参
数，并告知后端自己已获得用户登录权限。所以我们接下来可以将 postList.vue 组
件中用于提交评论数据的 addPost()方法编写如下。

```
addPost: function() {
    if(this.newPostTitle === '' || this.newPostText === '') {
        window.alert('书评标题和内容都不能为空！');
        return false;
    }
```

```
const that = this;
const newpost = {
    postTitle: that.newPostTitle,
    postContent: that.newPostText,
    postDate: (new Date()).toString(),
    uid: that.uid,
    bid: that.bookid
};
axios.post('/posts/newpost', Qs.stringify(newpost))
.then(function(res) {
    if(res.statusText === 'OK') {
        that.getPosts();
    }
})
.catch(function(error) {
    if(error.message.indexOf('401') !== -1) {
        window.alert('用户无评论权限!');
    } else if(error.message.indexOf('400') !== -1) {
        window.alert('书评发布失败!');
    } else if(error.message.indexOf('500') !== -1) {
        window.alert('服务器故障,请稍后再试!');
    }
});
that.reset();
}
```

    实现评论的修改和删除功能和我们之前在实现图书信息管理时所做的操作也基本相同,这里出于篇幅方面的考虑,就不重复演示了。读者既可以自行思考如何实现它们,也可以打开本书提供的源码包,在 code/05_bookComment 目录下查看作者提供的参考实现。

9.3 本章小结

    本章接着第 8 章的内容继续完成了短书评应用在 PC 端浏览器的基本实现。在此过程中,我们进一步演示了如何在基于 Vue.js 框架的前端应用中利用 vue-router 组件实现多视图界面的切换,以及如何更进一步利用 axios 请求库调用后端的 RESTful API,从而实现前、后端的数据交互。值得一提的是,由于这些交互过程也涉及图片、日期等特殊类型的数据对象,所以我们在本章中也具体演示了这类数据对象的序列化与解析的具体方式。总而言之,一个短书评应用在 PC 端浏览器的用户界面实现至此有了基本的轮廓。

    必须再次强调的是,为了便于项目在书中的展示,我们对应用的功能做了较大程度的简化。如果读者希望将其变成一个切实可用的应用程序,还需要自行做一些完善工作,以增加用户界面的可交互性,改善用户体验,这就算是我们留给读者的练习吧!

第三部分

移动端项目实践

本书的第三部分内容将会模拟基于移动设备端构建一个功能较为简单的短书评应用程序，通过这个应用程序的构建过程，我们将具体介绍如何利用对 Vue.js 框架进行了二次封装的 uni-app 框架，并继续以之前创建的 RESTful API 为后端服务创建面向移动设备端的现代互联网应用程序。具体而言，我们将用 3 章来分别讨论前端工程师在构建一个 uni-app 项目时需要面对的主要议题。

- 第 10 章　移动端开发概述。
- 第 11 章　uni-app 项目实践（上篇）。
- 第 12 章　uni-app 项目实践（下篇）。

需要事先说明的是，为了便于展现项目的整个实践过程，我们在某些地方会对项目中一些非重要的细节进行简化。因此，如果读者希望将本项目部署到具体的生产环境中去使用，还应该自行完善用户界面的美工设计等，并对用户输入的数据进行更严格的安全检查。

第 10 章　移动端开发概述

对于现代互联网应用来说，前端部分的业务仅有 PC 端浏览器的实现是远远不够的。毕竟，如今的互联网用户更多时候是通过手机、平板电脑等移动设备来使用这些应用的，所以，如何为应用程序开发出更适合各种移动设备的前端业务成了时下前端工程师所要面临的一个重要问题。在本章中，我们将会为读者阐述在移动设备上开发互联网应用程序所要解决的主要问题，并以 uni-app 框架提供的解决方案为例来介绍如何继续沿用 Vue.js 框架的设计风格构建面向移动端的前端项目。总而言之，在学习完本章内容之后，希望读者能够：

- 了解在移动端开发互联网应用时所要面对的主要问题，以及这些问题在 HTML5+CSS3+ES6 技术层面上的解决方案；
- 了解 uni-app 框架提供的移动端解决方案，以及如何在 HBuilderX 和 VSCode 开发环境中创建 uni-app 项目；
- 借助由 Vue CLI 脚手架工具自动生成的 Hello uni-app 示例项目，初步了解 uni-app 项目的基本结构及其配置方法。

10.1　移动端解决方案

如今，以智能手机为代表的移动设备已经成了人们使用互联网应用的主要途径。毕竟，与基于 PC 端浏览器的应用相比，移动端的互联网应用具备以下不可替代的优势。

- **更及时的信息收发**：与之前介绍的 PC 端浏览器应用相比，用户通过移动端应用可以更轻松地实现随时随地的信息收发，这种便利性让企业和个人都能够更快速、更及时地发布或查阅自己所重视的信息。

- **更面向用户的功能**：基于传统 Web 技术的 PC 端浏览器应用由于受到某些限制，在功能上会因其使用场景的相对单一而受到某种程度上的限制，而移动端应用则能更好地应对各种使用场景，提供更为丰富的、更面向用户的个性化功能。
- **更直接的访问入口**：在传统的 PC 端浏览器中使用互联网应用时通常需要用户自己输入相应的 URL 或者依靠搜索引擎来访问，而移动端应用往往只需要用户点击指定的图标即可访问。

所以，为了更好地服务用户，如今几乎所有具备一定实力的企业和组织都会致力于开发自己在移动端的应用程序，这就对当今的前端工程师提出了新的挑战。与之前 PC 端浏览器的应用开发相比，前端工程师在开发移动端应用时所要面对的问题主要来自两个方面：首先是应用程序在移动端的屏幕适配问题；其次是应用程序对触控操作的响应问题。下面就让我们来介绍这两个方面的问题，以及这些问题在 HTML5+CSS3+ES6 技术层面上的解决方案。

10.1.1　屏幕适配问题

正如大家所知，Apple、Google、三星以及华为等各大移动设备制造商如今在设备屏幕上的设计方案可谓"八仙过海，各显神通"。且不说不同设备制造商的产品屏幕参数各不相同，就连同一设备制造商推出的同品牌、同系列产品，其屏幕设计方案也会存在些许差异。例如在表 10-1 中，我们可以看到当前一些手机屏幕的情况。

表 10-1　当前一些手机屏幕的情况

设备名称	操作系统	对角线尺寸/英寸	纵横比	分辨率/像素×像素
iPhone 12 Pro Max	iOS	6.7	19：9	1284 x 2778
iPhone 12 Pro	iOS	6.1	19：9	1170 x 2532
iPhone 12 Mini	iOS	5.4	19：9	1080 x 2340
iPhone 11 Pro	iOS	5.8	19：9	1125 x 2436
iPhone 11 Pro Max	iOS	6.5	19：9	1242 x 2688
iPhone 11	iOS	6.1	19：9	828 x 1792
iPhone SE（第一代）	iOS	4.0	16：9	640 x 1136
Google Pixel 3,Lite	Android	5.5	2:1	1080 x 2160
Google Pixel	Android	5.0	16：9	1080 x 1920
Samsung Galaxy A70，A80	Android	6.7	20：9	1080 x 2400
Samsung Galaxy A60	Android	6.3	19.5：9	1080 x 2340

续表

设备名称	操作系统	对角线尺寸/英寸	纵横比	分辨率/像素×像素
Huawei P40 Pro+	鸿蒙 OS	6.58	11 : 5	1200 x 2640
Huawei P40 Pro	鸿蒙 OS	6.58	11 : 5	1200 x 2640

因此，前端工程师在开发移动端应用时的一项主要工作是让应用程序在运行时自动获取设备屏幕中的可用区域，该可用区域的专业术语为**视口**。在具体开发过程中，我们可以在 Google Chrome 浏览器中通过其调试工具来模拟各种移动设备的视口，具体方法就是通过单击调试工具界面顶部工具栏中的移动设备图标（见图 10-1）来打开该调试工具的移动端模式。

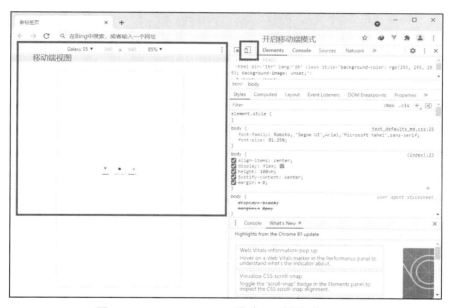

图 10-1　Google Chrome 调试工具的移动端模式

在启动调试工具的移动端模式之后，我们就可以通过上图中移动端视图顶部的屏幕参数控制栏具体调整自己所需要的视口大小。而关于应用程序对视口的自动感知问题，当今市面上也流行着几种面向不同平台的解决方案，鉴于本书讨论的 Vue.js 框架主要面向的是基于 HTML5+CSS3 技术的解决方案，所以我们在这里重点介绍这个解决方案的基本思路。在基于 HTML5+CSS3 技术的解决方案中，让应用程序的用户界面在各种移动设备上自动适配屏幕的工作通常被称为**响应式设计**（Responsive Web Design，RWD）。RWD 是由美国 Web 设计师伊桑·马科特（Ethan Marcotte）在 2010 年 5 月首度提出的一种面向移动端应用的用户界面设计方式，这种设计方式致力于让 HTML5 定义的页面自动检测用户所用移动设备的视口宽度，并根据视口宽度来调整页面中各界面元素的外观、大小以及布局方式。总体而言，RWD 这一设计方式大致上可以被视为以下 3 种不同的技术搭配使用。

- **流体网格**：这项技术概念的核心是要求前端工程师在用户界面设计时尽可能使用百分比、rpx 或 rem 这样的相对单位，而不使用像素（即 px）这样的绝对单位。为方便简单记忆，我们大致上可认为这些单位之间的换算关系为 1rem=16px、1rpx=0.5px。
- **响应式图片**：这种图片可以使用百分比（最大到 100%）等相对单位来调整大小，这样做可以防止图片元素显示于它们的上层元素外。
- **媒体查询**：这项技术可以让应用程序的用户界面自动获取其当前所在的屏幕情况，并采用不同 CSS 规则定义其外观样式。

需要特别强调的是，RWD 不是一项被伊桑·马科特发明出来的、独立存在的全新技术，它本质上只是对现有技术的一种灵活运用，是一种从实践经验中总结出来的方法论。例如在设计页面的 CSS 样式时，我们可以像下面这样来定义该页面分别在窄屏和宽屏情况下的外观样式。

```css
/* 假设以下 CSS 代码已经关联到某一 HTML 文档上
 * 并且该文档中存在着一个由<nav>标签定义的导航栏元素
 */
nav {
    float: right;
}


nav ul {
    padding: 0;
    margin: 0;
    list-style: none;
}


nav ul li {
    color: #a2a0a0;
    float: left;
    text-transform: uppercase;
    transition: background 0.5s ease;
}


nav ul li:hover {
    color: white;
    background: #aaa;
}


nav ul li.active {
```

```
    color: white;
    background: #343831;
}

nav ul li a {
    display: block;
    padding: 0 40rpx;
    line-height: 100rpx;
    color: inherit;
    cursor: pointer;
    transition: all 0.3s ease;
}

@media screen and (max-width: 768px) {
    nav {
        width: 100%;
        padding: 100rpx 0 30rpx;
    }

    nav ul li {
        float: none;
        border-bottom: 1rpx solid lightgray;
    }
}
```

在上述代码中，`@media` 就是 CSS 中的媒体查询指令，该指令可以让指定 HTML 文档中的导航栏元素在浏览器视口宽度小于 768px 时采用面向移动端屏幕的布局方式。现如今，市面上主流的用户界面布局方式基本是响应式的，而且各种 Web 平台上也内置了一些新的机制，这些机制进一步使得应用程序对移动端视口的感知变得更加容易。例如在 HTML5 文档中，我们往往还会选择通过在`<head>`标签中加入`<metaname="viewport">`标签的方式来加强应用程序对视口宽度的感知功能，例如像以下这样。

```
<meta name="viewport" content="width=device-width,initial-scale=1">
```

在上述`<meta>`标签中，我们利用 HTML5 提供的 `device-width` 关键字将应用程序的视口宽度设定为当前设备的屏幕宽度，同时也将文档放大到其预期大小的 100%。当然，之所以要设置这个标签，主要是因为移动端的浏览器会倾向于在它们的视口宽度上"说谎"。众所周知，自从智能手机横空出世以来，人们开始在手机上查看网络信息。而由于在相当长的一段时间里，大多数 Web 应用程序并未对移动端做针对性优化，移动端的浏览器通常选择默认的视口宽度为 960px，并基于这个宽度来渲染应用程序的用户界面，其渲染的效果就变成了其在 PC 端浏览器上的缩放版本，这种情况带来的用户体验是非常糟糕的。

更糟糕的是，在用户界面的初始化阶段，我们之前基于媒体查询等技术所做的响应式设计在某些移动端浏览器中可能无法正常地发挥作用。在这种情况下，我们只需要在 <meta> 标签中加入 width=device-width 这样的设定，就可以让应用程序在初始化阶段自动获取所在设备的实际宽度，并覆写移动端浏览器默认的视口宽度，用户界面的初始化问题就可以得到很好的解决。当然，除了视口宽度，我们在理论上还可以在 <meta> 标签中设置如下选项，以便对页面在浏览器中的行为进行更细致的控制。

- initial-scale：用于设定页面的初始缩放比例，通常设定为 1。
- height：用于为视口设定高度值。
- minimum-scale：用于设定页面的最小缩放级别。
- maximum-scale：用于设定页面的最大缩放级别。
- user-scalable：用于设定是否允许页面缩放，当该选项的值被设定为 no 时禁止缩放。

但在实际页面设计工作中，minimum-scale、maximum-scale, user-scalable 这 3 个选项应该是我们要尽可能避免使用的。毕竟在大多数情况下，用户应该要有权力尽可能大或小地对其访问的页面进行缩放操作，禁止这些操作可能会带来不好的用户体验。

除了基于 HTML5+CSS3 技术的解决方案，支付宝、微信等小程序平台，iOS/Android 等专用移动端开发框架和平台也都有各自解决视口问题的方案。这也意味着我们在开发移动端的应用时要么选择一两种主要的部署平台来编写实现，要么就干脆为每一种平台都编写一个独立的实现。但无论最终做出怎样的选择，我们都要在应用程序的目标市场与开发成本之间做一些取舍。

10.1.2　响应触控操作

众所周知，如今的移动设备中几乎所有的操作都是通过触控方式来完成的，所以在如何让应用程序的用户界面以可预期的方式来响应触控操作成了前端工程师在开发移动端应用时要面对的另一个主要问题。同样地，关于应用程序如何响应触控操作的问题，业界流行着面向各种不同平台的解决方案，鉴于本书讨论的 Vue.js 框架主要面向的是基于 HTML5+ES6 技术的解决方案，所以我们在这里重点介绍这个解决方案的基本思路。在基于 HTML5+ES6 技术的解决方案中，我们在应用程序的用户界面中对触控操作的处理主要是围绕着对 touchstart、touchmove、touchend 和 touchcancel 这 4 个事件的响应来展开的，下面就让我们来具体介绍这些事件的触发条件。

- **touchstart** 事件：该事件会在用户手指触摸屏幕的时候触发，即使在该事件发生之前已经有一根手指放在屏幕上也会触发。

- **touchmove** 事件：该事件会在用户手指在屏幕上滑动的时候连续地触发。
- **touchend** 事件：该事件会在用户手指从屏幕上离开的时候触发。
- **touchcancel** 事件：该事件会在系统停止跟踪触摸的时候触发。但由于 HTML5 标准文档中并没有说明该事件触发的确切时机，所以各大移动端浏览器对触发时机的实现可能并不相同，这也在很大程度上减少了该事件被使用的机会。

上述触控事件和我们之前所熟悉的鼠标、键盘事件一样遵守在 DOM 结构中的传播机制（捕获和冒泡），也都可以被取消，所以为其注册事件处理函数的方式也与普通鼠标、键盘事件是相同的。需要注意的是：由于触控事件在 DOM 规范中并没有确切的定义，它们实际上是以兼容 DOM 的方式实现的，所以每个触控事件所对应的 event 对象中都被加入了兼容鼠标事件对象的属性。例如：触控事件对象一样可以通过 cancelable 属性判断当前事件是否已被取消，通过 clientX 和 clientY 这两个属性获取当前触控操作在视口中的坐标位置，通过调用 preventDefault() 方法取消与当前事件关联的默认动作。当然，除了这些兼容 DOM 规范的属性，触控事件对象中还包含以下 3 个专用于跟踪触控操作的属性。

- touches 属性：该属性是一个 Touch 类型的数组对象，用于记录触发当前触控事件的 Touch 对象。
- targetTouches 属性：该属性是一个 Touch 类型的数组对象，用于存储针对特定目标事件的 Touch 对象。
- changeTouches 属性：该属性是一个 Touch 类型的数组对象，用于存储自上次触控操作以来发生了变化的 Touch 对象。

在这里，Touch 类型对象指的是触发触控事件的实体，例如用户的手指、触控笔等，该类型的对象中包含以下常用属性。

- identifier 属性：每个 Touch 对象的唯一标识符。
- target 属性：Touch 对象所要作用的目标 DOM 节点。
- clientX 属性：触控目标在视口中的 x 坐标。
- clientY 属性：触控目标在视口中的 y 坐标。
- pageX 属性：触控目标在页面中的 x 坐标。
- pageY 属性：触控目标在页面中的 y 坐标。
- screenX 属性：触控目标在屏幕中的 x 坐标。
- screenY 属性：触控目标在屏幕中的 y 坐标。

有了上述触控事件所对应的 event 对象和 Touch 对象，我们就可以使用 ES6 标准的方式来注册触控事件的处理函数了，例如像下面这样控制 HTML 页面对这些触控事件的响应。

```
/* 假设以下代码已经关联到某一 HTML 文档上
 * 并且该文档中存在着一个 id 属性值为 main 的<div>元素
 */
function load() {
    document.addEventListener('touchstart', touchFunc, false);
    document.addEventListener('touchmove', touchFunc, false);
    document.addEventListener('touchend', touchFunc, false);

    function touchFunc(event){
        const event = event || window.event;
        const aDiv = document.querySelector("#div_id");

        switch(event.type){
            case 'touchstart':
                aDiv.innerHTML = `触控开始时...
                    (${event.touches[0].clientX},
                     ${event.touches[0].clientY})<br>`;
                break;
            case "touchend":
                aDiv.innerHTML = `触控结束时...
                    (${event.changedTouches[0].clientX},
                     ${event.changedTouches[0].clientY})<br>`;
                break;
            case "touchmove":
                event.preventDefault();
                aDiv.innerHTML = `触控操作中...
                    (${event.touches[0].clientX},
                     ${event.touches[0].clientY})`;
                break;
        }
    }
}
window.addEventListener('load', load, false);
```

同样地，除了基于 HTML5+ES6 技术的事件处理机制，支付宝、微信等小程序平台、iOS/Android 等专用移动端开发框架和平台也都有各自的事件处理机制，虽然这些机制在设计思路上大同小异，让人很容易举一反三，但哪怕只是将这些开发框架和平台提供的官方文档都粗略阅读一遍，了解一下它们各自具体的代码编写方式，需要花费的学习成本也是不容小视的。因此，前端工程师一样在高昂的学习成本与刚性的市场需求之间面临着艰难的抉择。

当然，具体到使用 Vue.js 框架时，本节中介绍的这些在开发移动端应用时所需要做的特定工作大部分都已经被内置在框架实现中了，在通常情况下是不需要前端工程师直接在 HTML5+CSS3+ES6 这一技术层面上来进行处理的。我们在这里介绍这些只是希望读者在使用基于 Vue.js 框架的解决方案开发具体应用程序时，能做到"知其然且知其所以然"。

10.2　uni-app 移动端框架

在众多面向移动端的解决方案中，DCloud 公司提供的 uni-app 框架[1]是一个值得推荐的选择，我们接下来将使用这个框架来作为本书演示移动端应用实现的工具。之所以会选择 uni-app 框架，不仅因为它是一个针对 Vue.js 框架进行二次封装的移动端开发框架，与本书之前介绍的开发方式一脉相承，有助于为读者构建相对平滑的学习曲线，而且，uni-app 框架提供的解决方案还致力于实现让前端工程师只需编写一套代码，就可将应用发布到 iOS、Android 等各种不同的移动端框架或支付宝、微信、百度、钉钉、抖音等小程序平台上，介绍它也有助于降低读者学习移动端应用开发知识的成本。下面，我们就来具体介绍 uni-app 框架。

10.2.1　构建 uni-app 项目

DCloud 公司为 uni-app 框架提供的官方开发工具是一个被称为 HBuilderX 的集成开发环境。该开发环境的下载非常简单，我们只需进入 DCloud 公司提供的 HBuilderX 官方下载页面中，然后单击该页面中的「Download」按钮，并根据自己的操作系统选择下载相应的压缩包。该集成开发环境的下载列表如图 10-2 所示。

图 10-2　HBuilderX 下载列表

---

1 读者如有兴趣可自行在 GitHub 上搜索"uni-app"关键字，即可找到该应用程序框架所在的 dcloudio/uni-app 项目及其官方文档。

需要说明的是，图 10-2 中的 Alpha 版指的是比正式版更新频率高的、会优先使用新功能的版本，但其稳定性通常是不如标准版的，在生产环境下，我们会更倾向于使用正式版。待下载完成之后，我们将压缩包复制到计算机中某个适当的位置并将其解压，然后在解压目录中找到文件名为 HBuilderX.exe 的可执行程序（见图 10-3）并打开，即可启动该集成开发环境。

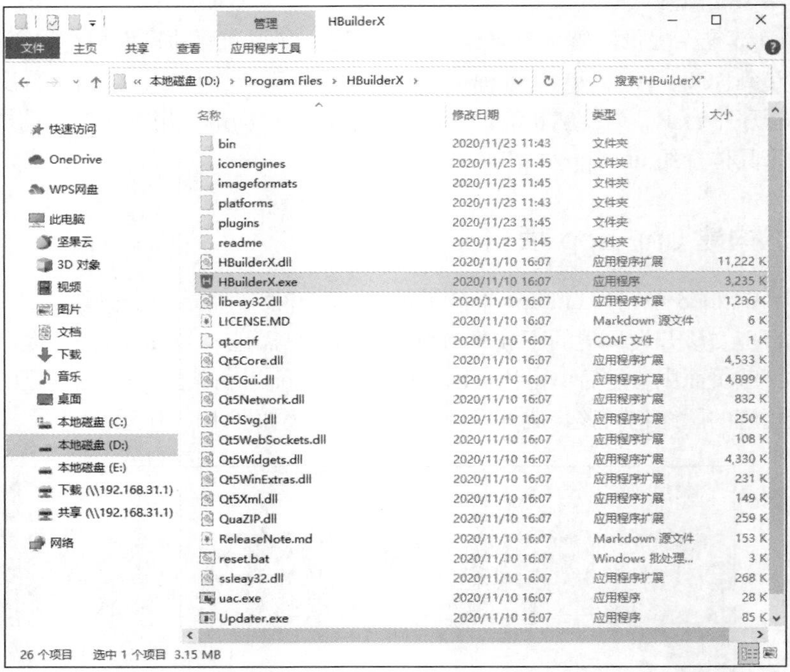

图 10-3　HBuilderX 解压目录

使用 HBuilderX 集成开发环境创建 uni-app 项目的步骤也很简单，在其「文件」菜单中陆续单击「新建」→「项目」启动创建新项目的向导，并在项目类型中选择 uni-app 项目（见图 10-4），然后根据后续提示一步一步操作即可。相信只要读者之前使用过任何其他集成开发环境，稍加适应就应该能做到“轻车熟路”了。

然而对于互联网应用的开发来说，HBuilderX 集成开发环境也存在美中不足的问题：它不是一个支持全平台的开发环境，并没有提供支持在 Linux/UNIX 操作环境中使用的版本，而如今市面上的大部分服务端环境是基于 Linux/UNIX 操作系统的。这意味着，如果我们想使用 HBuilderX 这个开发环境来开发一个“短书评”这种基于 C-S 体系结构的应用程序，在服务端的开发工作就要“另起炉灶”，重新构建一个开发环境，并需要不断地在两种开发环境之间来回切换，这或多或少会带来一定程度上的不便。况且，本书之前所有的代码都是在 VSCode 这个全平台的开发环境下完成的，笔者个人也更倾向于继续使用 VSCode 开发环境来完成后面的项目演示。所以接下来，我们将重点介绍如何在 VSCode 开发环境中构建 uni-app 项目。

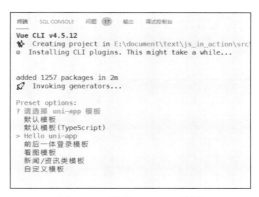

图 10-4　在 HBuilderX 中新建项目

在开始创建项目之前，我们需要先确定当前计算机环境中已经安装了 Node.js 运行环境和 Vue CLI 脚手架工具，其中，Vue CLI 脚手架工具的版本应在 3.x 以上。然后使用 VSCode 开发环境创建本书示例项目的 code 目录，并通过在其内置命令行终端中执行 `vue create -p dcloudio/uni-preset-vue 06_uniappdemo` 命令来创建一个新的 uni-app 项目。在该命令执行过程中，Vue CLI 脚手架工具会提示我们选择新项目要使用的项目模板，如图 10-5 所示。

图 10-5　选择 uni-app 模板

　　由于是初次体验,我们建议读者选择使用 Hello uni-app 模板来创建一个基于 uni-app 框架的示例项目。在这里,希望读者不要被该模板的名称误导,该示例项目所要构建的并不是一个简单的 Hello World 程序(如果我们想创建后者,选择默认模板即可)。在该项目中,我们将会看到关于 uni-app 框架中所有组件和 API 的使用示例,读者此时可以通过这个项目粗略地观察一下使用 uni-app 框架开发移动端应用的基本概况。在后面的章节中,我们也会持续用到该项目中的各种示例。

　　然后,在 Vue CLI 脚手架工具构建项目的过程中,它会自动根据项目模板中预设的依赖关系完成一系列组件的下载,并配置好其在 VSCode 编辑器中的语法提示功能。待一切都顺利完成之后,我们就会在 `code/06_uniappdemo` 目录下看到一个配置完整的 uni-app 框架示例项目。除此之外,如果我们想进一步加强 VSCode 开发环境对 uni-app 框架的支持,还可以继续在该项目的根目录(即 `code/06_uniappdemo` 目录)下执行 `npm install @dcloudio/uni-helper-json` 命令来安装用于引入 uni-app 官方组件的语法提示插件,并将 HBuilderX 自带的代码块[1]复制到项目的 .vscode 目录中,这将提高我们在使用 VSCode 开发环境编写 uni-app 项目时的用户体验。

　　在完成以上配置之后,我们就可以通过在项目根目录下执行 `npm run dev:[%PLATFORM%]` 命令来编译应用程序了,其中编译变量 `%PLATFORM%` 的作用是指定编译工作所要面向的运行平台,该变量可取的值对应于 uni-app 项目可发布的运行平台,如表 10-2 所示。

表 10-2　uni-app 项目可发布的运行平台

%PLATFORM% 的值	运行平台
h5	HTML5
mp-alipay	支付宝小程序
mp-baidu	百度小程序
mp-weixin	微信小程序
mp-toutiao	字节小程序
mp-qq	QQ 小程序

　　也就是说,当我们执行的是 `npm run dev:h5` 命令时,编译的结果就是一个面向 HTML5 的应用程序。在默认配置下,读者可以通过在 Google Chrome 浏览器的调试工具的移动端模式下访问 `http://localhost:8080/` 的方式来打开该应用程序,其运行效果如图 10-6 所示。

---

1 读者可以从 GitHub 中搜索并下载到 uni-app 代码块。

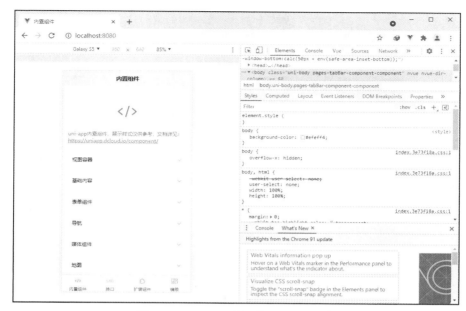

图 10-6 uni-app 项目的 HTML5 版本

同样地，当我们执行的是 `npm run dev:mp-weixin` 命令时，编译的结果就是一个面向微信小程序平台的应用程序。在默认配置下，读者可以通过在微信开发者工具中打开 uni-app 项目面向微信小程序平台的生成目录（在这里就是 `code/06_uniappdemo/dist/dev/mp-weixin` 目录），然后就可以运行这一版本的应用程序了，其运行效果如图 10-7 所示。

当然，使用 VSCode 作为 uni-app 项目的开发环境也是存在着一些不足的，读者在具体使用过程中务必要明白以下两点。

- VSCode 在开发 uni-app 项目的过程中只能充当编辑器，应用程序的具体调试工作还是必须在相应平台的具体工具中进行。例如，面向微信小程序平台的编译版本就只能在微信开发者工具中调试（当然就这一点而言，在 HBuilderX 中也是一样的）。

- 虽然在 VSCode 开发环境中，我们可以使用 npm 命令来完成应用程序的编译和打包工作，但终究无法直接调用相应的小程序开发工具或真机模拟器来进行调试，也无法直观地使用面向各种具体移动端平台的打包功能。毕竟，如果我们在 HBuilderX 集成开发环境中开发项目，其运行并调试 uni-app 应用程序的方式则要简单得多。例如读者可以：
  - 在「运行」菜单中的「运行到浏览器」选项下面选择相应的浏览器，来启动面向 HTML5 的编译与调试；

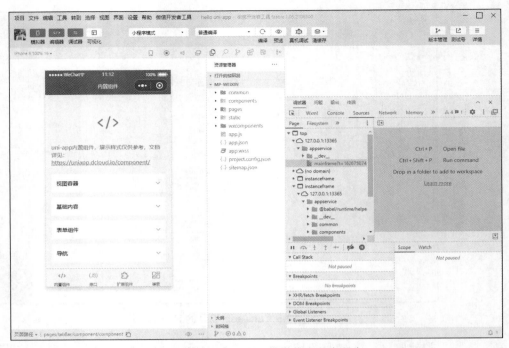

图 10-7　uni-app 项目的微信小程序版本

- — 在「运行」菜单中的「运行到小程序模拟器」选项下面选择相应的小程序平台，来启动面向指定小程序平台的编译和调试；
- — 在「运行」菜单中的「运行到手机或模拟器」选项下面选择相应的手机或模拟器，来启动面向指定手机平台的编译和调试；
- — 在「发布」菜单中选择相应的打包选项，来将当前项目打包成面向相应平台的应用程序并发布。

另外，如果读者想在 uni-app 项目中使用 Vue.js 3.x 的新特性，也可以改用 `vue create -p dcloudio/uni-preset-vue#vue3 [项目名称]`命令来创建 uni-app 项目。但截至本章内容被撰写时（即 2021 年 7 月），关于 uni-app 框架对 Vue.js 3.x 的实际支持情况，我们需要提醒读者留意以下事项。

- ● 虽然 uni-app 框架已面向 Vue.js 3.x 做了部分升级，但目前主要面向的是 HTML5 平台。
- ● 在基于 Vue.js 3.x 来开发面向各小程序平台的应用时暂不能使用 Vite 这个新型构建工具。
- ● 目前在 HBuilderX 集成开发环境中也还尚未预置支持 Vue.js 3.x 的项目模板。
- ● 在 uni-app 插件市场中发布的第三方插件对 Vue.js 3.x 的支持程度也存在滞后现象。

- Vue.js 3.x 的响应式设计是基于 Proxy 对象来实现的，后者不支持与 iOS 9 和 IE 11 相关的平台。

当然，相信以上这些问题都会随着时间的推移被 uni-app 框架的开发团队，以及其广大的第三方插件开发者逐一解决。读者在这里也不必过于担心 Vue.js 3.x 的新特性带来的差异，它并不会影响本书打算为读者介绍的使用 uni-app 框架开发移动端应用的基本方法和设计思路。读者在掌握了这些基础知识之后，将会有能力自己去"迎接"该框架未来更多的更新。

10.2.2 uni-app 项目配置

在了解了如何创建 uni-app 项目之后，我们接下来就可以具体研究 uni-app 项目的基本结构和配置方法了。从大体上来说，由于 uni-app 是一个基于 Vue.js 框架进行二次封装的移动端开发框架，使用它开发项目的基本步骤与设计思路与开发一般的 Vue.js 项目是基本相同的，读者需要额外学习的只有 uni-app 框架本身提供的组件及其配置方式。接下来，就让我们通过观察刚刚创建的这个 Hello World 示例项目来了解 uni-app 项目的基本概况。总体而言，uni-app 项目的结构与一般的 Vue.js 项目基本相同，唯有 `src` 目录中的内容稍有不同，其主要目录结构如下。

```
06_uniappdemo/src
├── common              # 用于存放全局 JavaScript 脚本和 CSS 样式文件的目录
├── components          # 用于存放符合 Vue 风格的 uni-app 组件的目录
├── hybrid              # 用于存放 App 端本地 HTML 文件的目录。
├── platforms           # 用于存放各平台专用页面的目录
├── pages               # 用于存放各用户界面的定义文件的目录
├── static              # 用于存放本地静态资源（如图片、视频等）文件的目录
├── store               # 用于存放 Vuex 组件配置的目录
├── wxcomponents        # 用于存放微信小程序组件的目录
├── mycomponents        # 用于存放支付宝小程序组件的目录（可选）
├── swancomponents      # 用于存放百度小程序组件的目录（可选）
├── main.js             # Vue.js 项目的入口文件
├── App.vue             # 当前应用的根组件定义文件
├── manifest.json       # 用于配置应用名称、AppID、Logo、版本等打包信息的文件
├── package.json        # NPM 包管理器的配置文件
└── pages.json          # 用于配置页面路由、导航条、选项卡等页面类信息的文件
```

在 `src` 目录中，读者需要关注的是 `manifest.json` 文件。在该文件中，我们会对当前项目要创建的应用程序进行一些基本的配置，其主要配置项如表 10-3 所示。

表 10-3　`manifest.json` 文件中的主要配置项

配置项	值类型	默认值	配置说明
Name	String		用于配置应用程序的名称
Appid	String		用于配置应用程序的唯一标识，根据应用程序所要面向的具体平台来分配
screenOrientation	Array		用于配置与重力感应、横竖屏相关的选项，可取值包括："portrait-primary"（竖屏正方向）、"portrait-secondary"（竖屏反方向）、landscape-primary"（横屏正方向）、"landscape-secondary"（横屏反方向）
Description	String		用于配置应用程序的描述性文字
versionName	String		用于配置应用程序的版本名称，例如：v1.0.0
versionCode	String		用于配置应用程序的版本号，例如：36
transformPx	Boolean	true	用于配置是否将项目中的单位 px 转换成相对单位，当该配置项的值为 true 时，应用程序在编译时就会自动将 px 转换为 rpx
networkTimeout	Object		用于配置应用程序的网络超时时间
Debug	Boolean	false	用于配置是否开启 debug 模式。当该配置项的值为 true 时，应用程序的调试信息会以 info 的形式输出，其中包含页面注册、页面路由、数据更新、事件触发等程序运行信息记录
uniStatistics	Object		用于配置是否开启 uni 统计
app-plus	Object		用于设置 App 特有的配置
h5	Object		用于设置 HTML5 特有的配置
Quickapp	Object		用于设置快应用特有的配置
mp-weixin	Object		用于设置微信小程序特有的配置
mp-alipay	Object		用于设置支付宝小程序特有的配置
mp-baidu	Object		用于设置百度小程序特有的配置
mp-toutiao	Object		用于设置字节小程序特有的配置
mp-qq	Object		用于设置 QQ 小程序特有的配置

　　在完成整个应用程序的构建参数配置之后，开发者就可以开始着手设计应用程序的用户界面了。在 uni-app 项目中，与前端应用本身设计工作相关的配置工作是通过 `pages.json` 文件来完成的。我们可以在 `pages.json` 文件中对程序用户界面的全局样式、页面路由、导航栏、tabBar 等进行一系列的全局配置。其主要配置项如表 10-4 所示。

表 10-4　**pages.json** 文件中的主要配置项

配置项	值类型	必填	配置说明
globalStyle	Object	否	用于配置用户界面的全局样式
pages	Array	是	用于配置用户界面的页面路由表
Easycom	Object	否	用于配置组件的自动引入规则
tabBar	Object	否	用于配置用户界面底部的 tabBar
condition	Object	否	用于配置开发模式下的界面启动模式
subPackages	Array	否	用于配置在小程序模式下的分包加载机制
preloadRule	Object	否	用于配置在小程序模式下的分包预载规则
Workers	String	否	用于配置 Worker 代码放置的目录
leftWindow	Object	否	用于配置用户界面在大屏模式下的左侧窗口（面向 HTML5）
topWindow	Object	否	用于配置用户界面在大屏模式下的顶部窗口（面向 HTML5）
rightWindow	Object	否	用于配置用户界面在大屏模式下的右侧窗口（面向 HTML5）

　　在以上配置项中，读者需要关注的是用于设置页面路由的 pages 配置项。和一般的 Vue.js 应用程序一样，uni-app 应用程序的用户界面也是通过 Vue 页面组件文件的形式来定义的。这些页面组件文件将被存放在 src/pages 目录中，而它们的路由表就被定义在 pages 配置项中。该配置项是一个数组类型的对象，数组中的每一个元素都是一个 JSON 格式的对象，各自代表一个页面组件，其基本格式如下。

```
// 假设这是一个 pages.json 文件
{
    // 此处省略了其他配置项
    "pages": [
        {
            "path": "pages/index/index", // 设置页面路径
            "style": {
                // 设置页面样式
                "navigationBarTitleText": "欢迎光临"
            }
        },
        {
            "path": "pages/books/books", // 设置页面路径
            "style": {
                // 设置页面样式
```

```
                "navigationBarTitleText": "图书列表"
            }
        },
        {
            "path": "pages/users/users", // 设置页面路径
            "style": {
                // 设置页面样式
                "navigationBarTitleText": "用户信息"
            }
        }
        // 此处省略了其他页面组件
    ]
    // 此处省略了其他配置项
}
```

正如读者所见，在往 pages 数组对象中添加页面组件配置时，我们通常需要为其设置 path 和 style 两项参数。其中，path 参数用于指定页面组件文件所在的路径，其设置方式与我们之前在 Vue.js 项目中配置 Vuex 路由组件时设置页面组件路径的方式基本相同，唯一需要额外学习的是 uni-app 框架本身定义的一些组件定义规则，例如每一个组件都应该在 pages 目录下设有一个独立的文件目录；而 style 参数则用于定义该页面组件使用的页面级样式，包括其要使用的字体文件、导航栏背景、导航栏文字内容等。在这里，读者可以通过观察当前示例项目中 pages 目录下定义的页面组件文件，笼统地了解在 uni-app 框架中编写页面组件的基本方法，我们将会在第 11 章中结合具体的项目实践来详细介绍这一部分的内容。

另外，关于在 uni-app 插件市场中发布的第三方小程序组件，我们在项目中也可以使用两种不同的方式来获取：如果该小程序组件已经被发布到了 NPM 仓库中，可以通过 npm install [组件名称]命令来获取（例如 npm install uni-ui）；如果该小程序组件没有被发布到 NPM 仓库中，那么可以通过下载该小程序组件的压缩包并将其解压到指定的目录中，常见小程序平台对应的组件存放目录如表 10-5 所示。

表 10-5　uni-app 项目的小程序组件存放目录

平台	支持情况	小程序组件存放目录
5+App	支持微信小程序组件	Wxcomponents
微信小程序	支持微信小程序组件	Wxcomponents
支付宝小程序	支持支付宝小程序组件	Mycomponents
百度小程序	支持百度小程序组件	Swancomponents

10.3　本章小结

在本章中，我们首先介绍了移动端应用开发相对于 PC 端浏览器开发所要特别面对的屏幕适配问题和触控响应问题。然后，我们分别介绍了基于 HTML5+CSS3 技术解决移动端屏幕自动适配问题的响应式设计思路，以及基于 HTML5+ES6 技术来响应触控事件的基本方法，目的是帮助读者了解 Vue.js 这一类前端框架在底层实现上是如何解决移动端开发所要面对的特殊问题的，以便在后续使用这些框架的过程中做到"知其然且知其所以然"。

接着，我们在众多面向移动端开发的前端解决方案中选择了 uni-app 这个框架来作为本书演示移动端应用实现的工具。之所以会选择这个框架，不仅因为 uni-app 是一个针对 Vue.js 框架进行二次封装的移动端开发框架，与本书之前介绍的开发方式一脉相承，有助于读者获得相对平滑的学习曲线，同时，uni-app 框架也是一个致力于实现**编写一套代码，多平台发布**的前端解决方案，有助于降低读者学习移动端应用开发知识的成本。在这一部分内容中，我们首先介绍了如何分别在 HbuilderX 和 VSCode 开发环境中创建 uni-app 项目，并根据不同的运行平台将项目编译成可执行的应用程序。然后，我们借助由 Vue CLI 脚手架工具自动生成的 Hello uni-app 示例项目介绍了一个普通 uni-app 项目的基本结构及其主要的配置方法。

从第 11 章开始，我们将结合具体的项目实践来详细介绍如何使用 uni-app 框架来开发移动端应用程序。

第 11 章　uni-app 项目实践（上篇）

本章开始，我们将紧接着第 10 章的内容，并基于第 7 章中实现的用于提供短书评服务的后端 API 来演示如何使用 uni-app 框架来实现可发布在多种平台上的移动端应用。总而言之，在学习完本章内容之后，希望读者能够：

- 更全面地掌握如何创建、配置并调试一个基于 uni-app 框架开发的移动端应用；
- 了解 uni-app 框架提供的用户界面组件库，并能使用它们设计短书评应用在移动端的登录界面；
- 了解 uni-app 框架提供的 API，并能使用它们在移动端调用短书评应用的后端 API。

11.1　创建项目

由于短书评服务在移动端应用中要实现的功能与之前实现的 PC 端浏览器应用是基本相同的，所以我们接下来要做的实际上就是学习如何使用 uni-app 框架提供的用户界面组件库及其相关 API，并使用它们将本书第二部分中实现的业务逻辑重新实现一次。所以接下来就让我们闲话少说，正式开始创建这个移动端项目吧。为此，我们需要先在 VSCode 开发环境中打开之前的 05_bookComment 项目，并通过在项目根目录（即 code/05_book Comment 目录）下执行 `vue create -p dcloudio/uni-preset-vue mobileclient` 命令来创建短书评应用在移动端的子项目。为了更完整地演示项目的开发过程，我们这一次将选择默认模板来创建该子项目（或者使用 HBuilderX 来创建该项目）。

如果一切顺利，我们将会在 Vue CLI 脚手架工具完成一系列依赖项的安装之后，看到 05_bookComment 项目的根目录下多出一个名为 `mobileclient` 的目录。这就是我们刚刚为短书评服务创建的面向移动端的子项目所在的目录，进入该目录之后，我们只需要执行 npm run serve 命令，该项目就会自动生成面向 HTML5 平台的版本（相当于执行 npm run dev:h5 命令），只要一切顺利，命令行终端最后会显示如下信息。

```
DONE  Compiled successfully in 11795ms

App running at:
- Local:   http://localhost:8080/
- Network: http://192.168.31.231:8080/
```

当然，上述代码中呈现的具体 IP 地址还要取决于当前计算机具体所在的网路位置。如果我们在 Google Chrome 浏览器调试工具的移动端模式中打开上述 URL，能看到如图 11-1 所示的界面，就证明这个移动端项目基于 uni-app 框架默认模板的初始化工作顺利完成了。

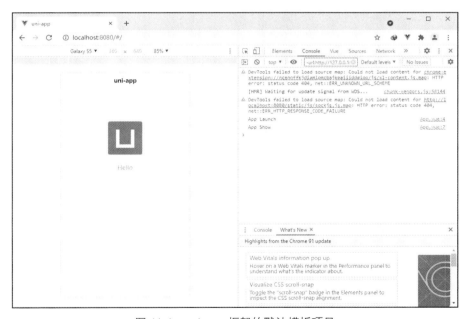

图 11-1 uni-app 框架的默认模板项目

uni-app 框架的默认模板创建的是一个更为纯粹的 Hello World 示例程序，只显示一个带有 uni-app 图标的 Hello 页面。接下来的任务就是将这个项目改造成短书评服务的移动端应用，让我们从项目配置开始。

11.2 项目配置

正如第 10 章中所介绍的，在一个 uni-app 项目中，与移动端应用本身相关的配置工

作主要在 pages.json 文件中进行，所以具体了解该文件的配置方法，是我们使用
uni-app 框架开发移动端应用的第一步。下面，我们就结合当前项目的实际需求来详细介
绍该文件中各配置项及其参数的作用。

11.2.1　全局样式

在 pages.json 文件的众多配置项中，全局性的配置工作通常会先从 globalStyle
配置项开始，因为它主要用于设置移动端应用的导航条背景与标题、窗口背景和动画效
果等用户界面元素的全局样式，其常用的可配置参数如下。

- navigationBarBackgroundColor 参数：该参数用于配置导航栏的背景色，
  其在 HTML5 平台中的默认值为 #F7F7F7，而在各小程序平台上的默认值则需
  要参考相应小程序平台的官方文档。
- navigationBarTextStyle 参数：该参数用于配置导航栏的标题颜色，只支
  持 black/white 两个值。
- navigationBarTitleText 参数：该参数用于配置导航栏的标题文字内容。
- navigationStyle 参数：该参数用于配置导航栏的样式，只支持 default/
  custom 两个值，默认值是 default。当该参数值被设置为 custom 时，uni-app
  框架提供的原生导航栏就会被屏蔽，进入自定义导航栏模式。在非 HTML5 平
  台中，自定义导航栏模式将在理论上允许前端工程师使用 HTML+CSS 技术定
  义包括原先导航栏位置在内的所有用户界面区域的外观样式。
- backgroundColor 参数：该参数用于配置用户在执行下拉刷新操作时应用程
  序窗口中导航栏与具体内容之间出现的背景色。该参数的设置只在微信小程序
  中有效，默认值为 #ffffff。
- backgroundTextStyle 参数：该参数用于配置用户在执行下拉刷新操作时
  应用程序窗口中导航栏与具体内容之间出现的 "loading" 字样的外观样式。该
  参数的设置只在微信小程序中有效，默认值为 dark，只支持 dark/light 两
  个值。
- enablePullDownRefresh 参数：该参数用于配置是否允许用户执行下拉刷
  新操作。该参数默认值为 false，当该参数值被设置为 true 时用户即可通过
  下拉操作来刷新当前页面。
- onReachBottomDistance 参数：该参数用于配置用户执行页面上拉触底操
  作时距页面底部距离。该参数默认值为 50，且单位只支持 px。
- titleImage 参数：该参数用于配置可用于在导航栏中替换文字标题的图片。
- transparentTitle 参数：该参数用于配置导航栏的背景透明效果。该参数
  的默认值为 none，代表不透明。除此之外，我们还可以将该参数值设置为

always，代表总是呈现透明效果；或 auto，代表让应用程序自动适应。

- pageOrientation 参数：该参数用于应用程序的横屏状态配置与屏幕旋转设置，只支持 auto/portrait/landscape 这 3 个值。
- animationType 参数：该参数用于配置应用程序窗口显示的动画效果，默认值为 pop-in。
- animationDuration 参数：该参数用于配置应用程序窗口显示动画的持续时间，默认值为 300，单位为 ms。
- leftWindow 参数：该参数用于配置当应用程序设置了 leftWindow 配置项时是否显示用户界面中的左侧窗口，默认值为 true。
- topWindow 参数：该参数用于配置当应用程序设置了 topWindow 配置项时是否显示用户界面中的顶部窗口，默认值为 true。
- rightWindow 参数：该参数用于配置当应用程序设置了 rightWindow 配置项时是否显示用户界面中的右侧窗口，默认值为 true。

需要说明的是，以上（包括之后）参数只是笔者个人认为较为常用的可配置参数，如果读者想更全面地了解特定配置项的可配置参数，还需要自行去查阅 uni-app 框架的官方文档。毕竟在实际项目开发中，开发者基本上不可能每次都会用到所有的可配置参数，大部分参数只要保持其默认值即可，无须为其设置特定的值，例如在当前这个短书评服务的移动端项目中，我们只对 globalStyle 配置项做了如下简单的配置。

```
{
    "globalStyle": {
        "navigationBarTextStyle": "white",
        "navigationBarTitleText": "短书评",
        "navigationBarBackgroundColor": "#000000",
        "backgroundColor": "#696969",
        "enablePullDownRefresh": true
    }
}
```

在上述配置中，我们只是简单地将导航栏背景色的 RGB 值设置成了#000000，并将其标题文字改成了白色的"短书评"字样。同时，我们允许用户执行下拉刷新操作，且执行该操作时，其微信小程序版本会呈现出 RGB 值为#696969 的背景色，其运行效果如图 11-2 所示。

当然，如果我们还想根据具体的小程序平台设置特定的全局样式。还可以在 globalStyle 配置项中添加如下面向各种小程序平台的子配置项。

- app-plus 子配置项：该子配置项用于设置编译到 iOS/Android 平台的特定样式。
- h5 子配置项：该子配置项用于设置编译到 HTML5 平台的特定样式。

图 11-2　微信小程序中的全局样式

- mp-alipay 子配置项：该子配置项用于设置编译到支付宝小程序平台的特定样式。
- mp-weixin 子配置项：该子配置项用于设置编译到微信小程序平台的特定样式。
- mp-baidu 子配置项：该子配置项用于设置编译到百度小程序平台的特定样式。
- mp-toutiao 子配置项：该子配置项用于设置编译到字节小程序平台的特定样式。
- mp-qq 子配置项：该子配置项用于设置编译到 QQ 平台的特定样式。

以上子配置项的值都是 JSON 格式的对象，可配置的参数也各不相同。例如对于 h5 子配置项，我们可以为其配置以下两项参数。

- titleNView 参数：该参数用于配置面向 HTML5 平台特有的导航栏样式，该参数的值也是一个 JSON 格式的对象，包含如下常用的可配置子参数。
  - backgroundColor 子参数：该子参数用于配置面向 HTML5 平台特有的导航栏背景色。
  - titleColor 子参数：该子参数用于配置面向 HTML5 平台特有的导航栏标题颜色。
  - titleText 子参数：该子参数用于配置面向 HTML5 平台特有的导航栏标题文字。
  - titleSize 子参数：该子参数用于配置面向 HTML5 平台特有的导航栏标题字体大小。
  - type 子参数：该子参数用于配置面向 HTML5 平台特有的导航栏样式主题，设置值为 default 代表默认样式，而设置值为 transparent 则代表透明渐变。

- pullToRefresh 参数：该参数用于配置面向 HTML5 平台特有的用户在执行下拉刷新操作时呈现的样式。该参数的值是一个包含以下两项子参数的 JSON 格式的对象。
  - color 子参数：该子参数用于配置面向 HTML5 平台特有的用户在执行下拉刷新操作时 "loading" 图标的颜色。
  - offse 子参数：该子参数用于配置面向 HTML5 平台特有的用户在执行下拉刷新操作时控件的起始位置。该参数的值可设置为百分比（如 10%）或像素值（如 50px），但不支持 rpx 值。

例如在当前项目中，如果我们想设置一个 HTML5 平台下特有的执行下拉刷新操作时呈现的 "loading" 图标颜色，就可以将之前的 globalStyle 配置项修改如下。

```
{
    // 此处省略其他配置项
    "globalStyle": {
        "navigationBarTextStyle": "white",
        "navigationBarTitleText": "短书评",
        "navigationBarBackgroundColor": "#000000",
        "backgroundColor": "#696969",
        "enablePullDownRefresh": true,
        "h5": {
            "pullToRefresh": {
                "color":"#696969"
            }
        }
    }
}
```

这样一来，应用程序在 HTML5 平台中执行下拉刷新操作时 "loading" 图标颜色的 RGB 值就被设置成了#696969。当然，其他平台的全局样式配置虽然在具体可配置的参数上各不相同，但其基本思路是一致的，读者可自行根据应用程序开发的具体需求，通过查阅 uni-app 框架的官方文档来进行配置，这里基于篇幅方面的考虑，就不赘述了。

11.2.2 页面路由

在完成了全局样式的配置之后，我们接下来就该配置应用程序的页面路由表了。正如第 10 章中所说，由于 uni-app 框架延续了 Vue.js 的设计风格，所以其用户界面也是以页面组件的形式来组织的。但与之前我们独立配置 vue-router 组件的方式不同的是，uni-app 项目中页面组件的路由表需要通过 pages.json 文件中的 pages 配置项来创建。该配置项的值是一个数组类型的对象，数组中的每一个元素各自代表一个页面组件的配置。例如在当前这个短书评项目中，我们可以将应用程序的页面路由表配置如下。

```
{
    // 此处省略了其他配置项
    "pages": [
        {
            "path": "pages/index/index",
            "style": {
                "navigationBarTitleText": "欢迎光临"
            }
        },
        {
            "path": "pages/books/books",
            "style": {
                "navigationBarTitleText": "图书列表"
            }
        },
        {
            "path": "pages/users/users",
            "style": {
                "navigationBarTitleText": "用户信息"
            }
        }
    ],
    // 此处省略了其他配置项
}
```

在上述路由表配置中，我们为当前应用程序的用户界面配置了 3 个页面组件，每个页面组件对应的配置项都设置有 path 和 style 两项参数，它们的作用与配置方法如下。

- path 参数：用于设置页面组件文件所在的路径，我们在设置该参数时应注意遵守 uni-app 框架的组件定义规则，即每一个页面组件的定义文件都应该被存放在 pages 目录下的一个对应的独立目录中。例如在上述配置中，index 页面组件的定义文件就应该被存放在 pages/index 目录中。
- style 参数：用于配置当前页面组件的外观样式，该参数的值是一个 JSON 格式的对象，对象中大部分的可配置参数与全局样式基本相同，因此，当相同样式在当前页面组件的 style 参数中被配置时，其对应的全局样式配置就会被覆盖。例如在上述配置中，我们为路由表中的每一个页面组件都配置了一个独立的 navigationBarTitleText 参数值，所以它们的导航栏标题中都会显示各自独立的文字内容。

当然，uni-app 框架也提供了几个只能在页面组件中配置的样式参数，例如 navigation-BarShadow 参数可用于配置导航栏的阴影效果、disableScroll 参数可用于配置是否禁止用户在页面组件中执行滚动操作等，但这些可配置参数并不常用，这里就不多做说明，读者可在需要时自行查阅 uni-app 框架的官方文档。

11.2.3 tabBar 配置

在如今的移动端应用中，位于用户界面底部的 tabBar 几乎已经成了一个标准配置，是用户在移动端应用中执行顶层导航操作时常用到的一个用户界面元素。在 uni-app 框架中，tabBar 是通过 `pages.json` 文件中的 `tabBar` 配置项来进行全局配置的。所以我们接下来的任务就是配置应用程序的 tabBar，该配置项的常用可配置参数如下。

- `color` 参数：这是 tabBar 配置项中的必选参数，用于配置 tabBar 上默认的文字颜色。
- `selectedColor` 参数：这是 tabBar 配置项中的必选参数，用于配置 tabBar 上被选中项的文字颜色。
- `backgroundColor` 参数：这是 tabBar 配置项中的必选参数，用于配置 tabBar 的背景颜色。
- `list` 参数：这是 tabBar 配置项中的必选参数，用于配置 tabBar 中的可选项列表，关于这个参数的具体配置方法，我们稍后还会进行详细说明。
- `borderStyle` 参数：这是 tabBar 配置项中的可选参数，用于配置 tabBar 的边框颜色，只支持 black/white 两个值。
- `blurEffect` 参数：这是 tabBar 配置项中的可选参数，用于配置 iOS 高斯模糊效果，可选值包括 dark/extralight/light/none，默认值为 none。
- `position` 参数：这是 tabBar 配置项中的可选参数，用于配置 tabBar 在用户界面中的位置，只支持 bottom/top 两个值。其中，top 值仅在微信小程序有效，且当该值生效时 tabBar 中将不显示图标。
- `fontSize` 参数：这是 tabBar 配置项中的可选参数，用于配置 tabBar 上默认的文字大小。
- `iconWidth` 参数：这是 tabBar 配置项中的可选参数，用于配置 tabBar 上默认的图标宽度，默认值为 24px。
- `spacing` 参数：这是 tabBar 配置项中的可选参数，用于配置 tabBar 上图标和文字的间距，默认值为 3px。
- `height` 参数：这是 tabBar 配置项中的可选参数，用于配置 tabBar 的默认高度，默认值为 50px。
- `midButton` 参数：这是 tabBar 配置项中的可选参数，用于配置 tabBar 上的中间按钮样式，且只在 `list` 参数中配置的导航项为偶数时生效。

在上述可配置参数中，除必选参数之外的可选参数并非每次都需要配置，读者可根据开发过程中的具体需求来配置。而在必选参数中，`list` 参数是一个需要我们特别关注的配置参数，该参数的值是一个数组类型的对象，数组中的每个元素都代表一个 tabBar 中的导航项，最少需配置 2 个，最多可配置 5 个。而在这个 `list` 数组中，每个可导航项的值都是一个 JSON 格式的对象，我们在其中可配置以下参数。

- pagePath 参数：该参数用于配置当前导航项的目标路径，这是一个必选参数，
  且只能配置路由表中已经配置了的页面路径。
- text 参数：该参数用于配置当前导航项上的文字。该参数在大多数平台中是
  必选的，但在 iOS/Android 和 HTML5 平台中，我们也可以选择设置只有图标没
  有文字的导航项。
- iconPath 参数：该参数用于配置当前导航项在默认情况下的图标，它的值是图
  片文件所在的路径，该图片文件的大小限制为 40KB，建议尺寸为 81px×81px。
  另外，当 position 参数被配置为 top 时，该参数的配置将无法生效。
- selectedIconPath 参数：该参数用于配置当前导航项在被选中状态下的图
  标，其配置规则与 iconPath 参数的相同。

除此之外，当 tabBar 的 list 参数中导航项的个数为偶数时，我们还可以通过
midButton 参数为其设置一个特殊的中间按钮，该参数的值也是一个 JSON 格式的对
象，可配置以下子参数。

- width 子参数：该子参数用于配置该中间按钮的宽度，默认状态下与其他导航
  项平分 tabBar 的总宽度，当它被设置为特定的宽度值时，tabBar 中其他导航项
  的宽度为总宽度减去中间按钮宽度的平均值。
- height 子参数：该子参数用于配置该中间按钮的高度，它可以被配置为大于
  tabBar 高度的值，以实现中间凸起的外观效果。
- text 子参数：该子参数用于配置该中间按钮的文字。
- iconPath 子参数：该子参数用于配置该中间按钮的图片路径，其配置规则与
  之前配置 list 参数设置 iconPath 值时的相同。
- iconWidth 子参数：该子参数用于配置该中间按钮的图片宽度（高度等比例缩放）。
- backgroundImage 子参数：该子参数用于配置该中间按钮的背景图片路径，
  其配置规则与 iconPath 参数的相同。

需要注意的是，和 tabBar 上普通的导航项设置不同，midButton 参数中没有提供
用于设置导航目标的 pagePath 参数，与之相关的操作需通过监听 uni.onTabBarMid
ButtonTap 事件来完成。关于 uni-app 框架中的事件处理机制，我们将在 11.3 节中详
细介绍。当然，和之前一样，开发者在大多数情况下不需要设计太复杂的 tabBar，以上
大多数可配置参数通常并不需要特别设置，维持其默认值即可。例如在当前这个短书评
服务的移动端项目中，我们只对 tabBar 配置项做了如下简单的配置。

```
{
    // 此处省略了其他配置项
    "tabBar": {
```

```
        "color": "#7A7E83",
        "selectedColor": "#000000",
        "borderStyle": "black",
        "backgroundColor": "#ffffff",
        "list": [
            {
                "pagePath": "pages/index/index",
                "iconPath": "static/home.png",
                "selectedIconPath":"static/selected-home.png",
                "text": "首页"
            },
            {
                "pagePath": "pages/books/books",
                "iconPath": "static/list.png",
                "selectedIconPath":"static/selected-list.png",
                "text": "列表"
            },
            {
                "pagePath": "pages/users/users",
                "iconPath": "static/users.png",
                "selectedIconPath":"static/selected-users.png",
                "text": "个人"
            }
        ]
    }
    // 此处省略了其他配置项
}
```

在上述配置中，我们对照着之前配置的路由表，分别为 index、books 和 users 这 3 个页面组件配置了在 tabBar 中的导航项，其效果如图 11-3 所示。

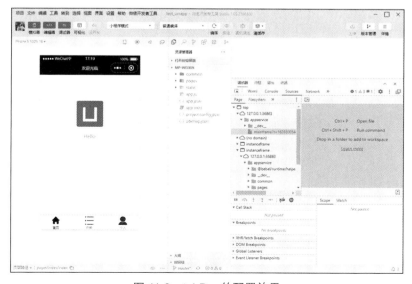

图 11-3　tabBar 的配置效果

11.2.4　侧边窗口

如果考虑到 iPad 这类屏幕尺寸较宽的移动设备，我们有时候也会考虑为移动端专门设置侧边窗口。在 uni-app 项目中，移动端应用的宽屏适配问题可以通过 pages.json 文件中 leftWindow、topWindow 和 rightWindow 这 3 个配置项来解决，它们分别用于配置在宽屏状态下显示在主界面左侧、上方和右侧的窗口。这些窗口和主界面所在的窗口一样，其中的界面主要也是以页面组件的形式来组织的，这些页面组件通常会被存放在[项目根目录]/src/windows 目录下。同样地，leftWindow、topWindow 和 rightWindow 这 3 个配置项的值都是 JSON 格式的对象，我们可以在其中配置如下参数。

- path 参数：该参数用于配置当前窗口要载入页面组件所在的文件路径，其配置规则与配置路由表的规则基本相同。
- style 参数：该参数用于配置当前窗口要载入页面组件的样式，其配置规则与配置路由表的规则基本相同。
- matchMedia 参数：该参数用于配置当前窗口显示的条件，它的值是一个 JSON 格式的对象，我们可以通过该对象的 minWidth 参数来配置当前窗口要显示的视口宽度。也就是说，当应用程序的视口宽度大于 minWidth 值时，当前配置所指定的窗口就会被显示。

需要注意的是，在具体的项目实践中，我们在使用以上 3 个配置项设置侧边窗口的同时，通常还会通过 globalStyle 配置项，或页面路由表中每个页面配置项的 style 参数中的 leftWindow、topWindow 和 rightWindow 这 3 个对应的参数来控制相关的侧边窗口是否允许被显示。例如，如果我们希望应用程序主界面在显示 index 页面组件时，禁止左侧窗口显示，就可以像下面这样做。

```
{
    // 此处省略了其他配置项
    "pages": [
        {
            "path": "pages/index/index",
            "style": {
                "leftWindow": false      // 当前页面不显示左侧窗口
            }
        }
        // 此处省略了其他页面组件的配置
    ],
    "leftWindow": {
        "path": "windows/left-window.vue", // 指定左侧窗口页面文件
        "style": {
```

```
                "width": "300px"
            },
            "matchMedia": {
                "minWidth": 768     // 当应用程序的视口宽度大于 768px 时显示侧边窗口
            }
        }
        // 此处省略了其他配置项
}
```

11.3　界面设计

　　在完成项目的基本配置之后，我们接下来就可以实现应用程序的具体功能。正如之前所说，由于 uni-app 框架延续了 Vue.js 的设计风格，所以它在实现短书评应用本身的功能时要做的事与本书之前在第 8、第 9 两章中所介绍的内容是基本相同的，读者需要学习的只有 uni-app 框架提供的用户界面组件库、网络请求库及其相关的各种 API 的使用方法。下面，我们继续根据短书评项目的具体需求来重点介绍这部分的内容。让我们打开[项目根目录]/src/pages/index/index.vue 文件，观察这个由默认模板自动生成的页面组件。

```
<template>
    <view class="content">
        <image class="logo" src="/static/logo.png"></image>
        <view class="text-area">
            <text class="title">{{title}}</text>
        </view>
    </view>
</template>
<script>
    export default {
        data() {
            return {
                title: 'Hello'
            };
        },
        onLoad() {

        },
        methods: {
```

```
        }
    }
</script>
<style>
    .content {
        display: flex;
        flex-direction: column;
        align-items: center;
        justify-content: center;
    }

    .logo {
        height: 200rpx;
        width: 200rpx;
        margin-top: 200rpx;
        margin-left: auto;
        margin-right: auto;
        margin-bottom: 50rpx;
    }

    .text-area {
        display: flex;
        justify-content: center;
    }

    .title {
        font-size: 36rpx;
        color: #8f8f94;
    }
</style>
```

11.3.1　容器组件

　　相信读者对于上述 index.vue 文件中这种"三段式"的代码结构已经非常熟悉了，一眼就可以看出该文件与一般 Vue 组件文件最显著的区别是<template>部分使用的是界面元素标签，这些标签显然不是我们之前使用的符合 HTML5 标准的界面元素标签，它们所对应的是 uni-app 提供的用户界面组件。下面，让我们从上述文件中首先用到的<view>标签开始介绍吧。

　　正如读者所见，<view>标签的使用方式与传统 HTML 文档中的<div>标签是类似

的。它们都属于容器标签，主要用于组织用户界面中的其他界面元素标签。当然，除
<view>这个基本的容器标签之外，uni-app 框架还结合具体的使用场景提供了以下这些
包含特定功能的容器标签。

- <scroll-view>标签：该标签用于在用户界面中设置可滚动的视图容器。
- <swiper>标签：该标签用于在用户界面中设置带滑块功能的视图容器，例如
  我们可以用它来实现轮播功能。
- <match-media>标签：该标签用于在用户界面中设置可自动适应屏幕的动态
  区域，例如我们可以用它来设置窄屏上不显示的内容。
- <movable-area>标签：该标签用于在用户界面中设置可被用户拖动的区域。
- <movable-view>标签：该标签用于在用户界面中设置<movable-area>标
  签所在区域的视图容器，即放在该容器中的界面元素允许用户在页面上执行拖
  曳、滑动或双指缩放等操作。
- <cover-view>标签：该标签用于在用户界面中设置可覆盖在原生组件上的文
  本组件。
- <cover-image>标签：该标签用于在用户界面中设置可覆盖在原生组件上的
  图片组件。

与原生 HTML 容器标签相比，uni-app 框架提供的容器标签除了支持标准 HTML 标
签属性以及 Vue.js 指令属性外，还被赋予了一些专门用来设计移动端用户界面的标签属
性。以<view>标签为例，uni-app 框架为其定义了如下专用属性。

- hover-class 属性：该属性用于定义<view>标签所在区域被用户点击时要采
  用的 CSS 样式类，它的值是一个用于指定 CSS 类名的字符串，默认值为 none，
  即表示标签所在区域没有设置被点击时要呈现的外观样式。
- hover-stop-propagation 属性：该属性用于设置是否禁止在<view>标签
  上触发的点击事件向上冒泡传播，默认值为 false，即表示禁止其向上冒泡。
- hover-start-time 属性：该属性用于设置<view>标签所在区域被点住后多
  久之后才呈现 hover-class 属性指定的外观样式，默认值为 50，单位是 ms。
- hover-stay-time 属性：该属性用于设置被点击后已经呈现 hover-class
  属性指定样式的<view>标签需要在被放开多久之后才能取消相应的外观样
  式，默认值为 400，单位是 ms。

关于<view>等容器标签的具体使用，读者可以在之前使用 Hello uni-app 模板创建
的 06_uniappdemo 项目的"视图布局"导航项中找到一系列完整的示例，我们在这里
就不单独做演示了，稍后会结合短书评应用的界面设计工作连同其他界面元素标签一起
来做更具有实际意义的演示。

11.3.2　交互组件

在容器组件中，我们通常需要根据应用程序的具体设计需求来放置一系列用于交互的界面元素。和容器标签一样，**uni-app** 框架也为用户提供了专用的交互组件，以便进行移动端应用的用户界面设计。例如根据短书评应用的设计需求，我们接下来可以先试着将之前 index.vue 文件中的<template>部分修改如下。

```
<template>
    <view class="content">
        <view v-if="user.isLogin">
            <image class="logo" src="/static/logo.png"></image>
            <view class="text-area">
                <text class="title"> {{ title }} </text>
            </view>
            <view class="formBtn">
                <button @click="logout">退出登录</button>
            </view>
        </view>
        <view v-if="!user.isLogin">
            <image class="logo" src="/static/logo.png"></image>
            <text class="title">请先登录你的账户：</text>
            <form class="form" @submit="login">
                <view class="inputWrapper">
                    <input name="userName" placeholder="请输入用户名" />
                </view>
                <view class="inputWrapper">
                    <input name="password" password="true"
                            placeholder="请输入密码" />
                </view>
                <view class="formBtn">
                    <button class="submit" form-type="submit">登录</button>
                    <button class="reset" form-type="reset">重置</button>
                </view>
            </form>
        </view>
    </view>
</template>
<!-- 其他部分暂且省略 -->
```

正如读者所见，上述界面设计的基本思路与我们在实现传统 PC 端浏览器应用时设

计的 `home.vue` 页面组件是类似的，即在页面载入时通过某个指定的变量判断用户状态，如果没有登录就显示用于登录的界面元素，如果已经登录则显示应用程序的欢迎信息。这样一来，我们再次在微信小程序模拟器中载入 `index.vue` 页面组件，就会看到如图 11-4 所示的用户界面（在这个过程中，我们也将之前的 `logo.png` 文件替换成了自己喜欢的图标）。

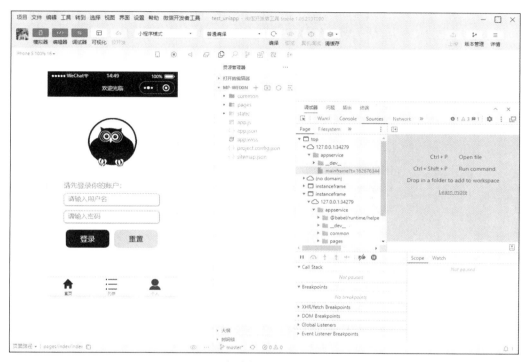

图 11-4　短书评应用的登录界面

而与实现传统 PC 端浏览器应用不同的是，我们在当前项目中设计 `index.vue` 页面组件时使用的是 uni-app 框架提供的适用于移动端应用的交互组件。根据 uni-app 框架的官方文档，我们大致可以将这些交互组件分为内置组件和扩展组件两大类。其中，内置组件由 uni-app 框架本身提供，无须进行额外的安装和注册，这类组件主要包括基础内容组件、表单组件、页面导航组件以及专用功能组件（包括视频、音频和地图等）4 种。下面，让我们来介绍目前在上述登录界面的设计工作中已经用到的基础内容组件和表单组件，而对于其他几种内置组件以及扩展组件的使用方法，我们将会在第 12 章中面向具体的设计需求时进行相关的介绍。

首先，我们在 `index.vue` 页面组件中使用的`<text>`标签所对应的组件就属于基础内容组件，它们的作用是向用户单方面输出一些基本信息，主要包含以下组件。

- <icon>标签：该标签用于在用户界面中显示图标元素。它支持标准 HTML 标签属性以及 Vue.js 指令属性，uni-app 框架还为其设置了如下专有属性。
  - type 属性：该属性用于定义图标元素的类型，常用类型包括 success、success_no_circle、info、warn、waiting、cancel、download、search、clear 等。
  - size 属性：该属性用于定义图标元素的大小，默认值为 23，单位是 px。
  - color 属性：该属性用于定义图标元素的颜色，其作用相当于 CSS 类中的 color 属性。
- <text>标签：该标签用于在用户界面中显示一段文字。它支持标准 HTML 标签属性以及 Vue.js 指令属性，uni-app 框架还为其设置了如下专有属性。
  - selectable 属性：该属性主要作用于 iOS/Android 和 HTML5 平台，用于设置文本元素内的文本是否可被选中，默认值为 false，即表示不可选中。
  - user-select 属性：该属性主要作用于微信小程序平台，作用与 selectable 属性相同。
  - space 属性：该属性用于设置文本元素中空白符的显示方式，它的值包括 ensp、emsp、nbsp 这 3 个。
  - decode 属性：该属性用于设置文本元素的内容是否允许被解码，默认值为 false，即表示不允许解码，其可以解码的字符包括 、<、>、&、'、 、 。
- <progress>标签：该标签用于在用户界面中显示进度条元素。它支持标准 HTML 标签属性以及 Vue.js 指令属性，uni-app 框架还为其设置了如下专有属性。
  - percent 属性：该属性用于设置进度条元素要显示的当前进度，它的值是一个表示百分比的浮点数，取值范围为 0～100。
  - show-info 属性：该属性用于设置是否要在进度条元素的右侧显示百分比信息，默认值为 false，即表示不显示。
  - border-radius 属性：该属性用于设置进度条元素的圆角大小。
  - font-size 属性：该属性用于设置进度条元素在右侧显示百分比信息时所用字体的大小。
  - stroke-width 属性：该属性用于设置进度条元素的宽度，默认值为 6，单位是 px。
  - activeColor 属性：该属性用于设置进度条元素中已完成部分的颜色。
  - backgroundColor 属性：该属性用于设置进度条元素中未完成部分的颜色。
  - active 属性：该属性用于设置是否显示进度条元素中从左往右的动画效果，默认值为 false，即表示不显示。
  - active-mode 属性：该属性用于设置进度条元素中动画效果的模式，支持 backwards/forwards 两种模式。

- duration 属性：该属性用于设置进度条元素中每增加 1% 所需的时间，默认值为 30，单位是 ms。
- @activeend 属性：该属性用于设置进度条元素在完成进度动画之后触发 activeend 事件时要调用的处理函数。

我们在设计用户登录界面时使用的 \<button\>、\<input\> 等标签所对应的组件都属于表单组件，它们的主要作用是供用户输入一些基本信息，主要包含以下组件。

- \<form\> 标签：该标签用于在用户界面中设置表单元素。它支持标准 HTML 标签属性以及 Vue.js 指令属性，uni-app 框架还为其设置了如下专有属性。
  - report-submit 属性：该属性用于设置当前表单元素是否要在其发送的信息中加入 formId 以作为标识。
  - report-submit-timeout 属性：该属性用于设置当前表单元素在发送信息之前要等待的时间，以确认 formId 是否生效。
    - @submit 属性：该属性用于设置当前表单元素用于响应 submit 事件的处理函数，我们稍后会具体介绍该事件函数的定义。
  - @reset 属性：该属性用于设置当前表单元素用于响应 reset 事件的处理函数，我们稍后会具体介绍该事件函数的定义。
- \<input\> 标签：该标签用于在用户界面中设置输入框元素。它支持标准 HTML 标签属性以及 Vue.js 指令属性，uni-app 框架还为其设置了如下专有属性。
  - value 属性：该属性用于设置当前输入框元素中的初始文本。
  - type 属性：该属性用于设置当前输入框元素的类型，可设置的类型如下。
    - text：普通文本输入框，获得输入焦点时会弹出常规软键盘。
    - number：数字信息的专用输入框，获得输入焦点时会弹出数字软键盘。
    - idcard：身份证信息的专用输入框，获得输入焦点时会弹出专用于身份证信息输入的软键盘。
    - digit：数字信息的专用输入框，获得输入焦点时会弹出带浮点数输入功能的数字软键盘。
    - tel：电话信息的专用输入框，获得输入焦点时会弹出专用于输入电话号码的数字软键盘。
  - password 属性：该属性用于设置当前输入框元素是否用于输入密码信息，默认值为 false，当其值被设置为 true 时，用户输入的任何字符都会在界面上显示为 * 字符。
  - placeholder 属性：该属性用于设置当前输入框元素中文本为空时显示的提示文本。

- placeholder-style 属性：该属性用于以内联样式的方式来设置 placeholder 属性所设定输入框提示信息的文本样式。
- placeholder-class 属性：该属性用于以 CSS 类名的方式来设置 placeholder 属性所设定输入框提示信息的文本样式。
- disabled 属性：该属性用于设置当前输入框元素是否已被禁用，默认值为 false。
- maxlength 属性：该属性用于设置当前输入框元素中可以输入的文本长度，默认值为 140 个字符，当该属性值被设置为 -1 时则表示不限制最大长度。
- @input 属性：该属性用于设置当前输入框元素用于响应 input 事件的处理函数，该事件会在该元素检测到软键盘输入时被触发。
- @focus 属性：该属性用于设置当前输入框元素用于响应 focus 事件的处理函数，该事件会在该元素获得输入焦点时被触发。
- @blur 属性：该属性用于设置当前输入框元素用于响应 blur 事件的处理函数，该事件会在该元素失去输入焦点时被触发。
- @confirm 属性：该属性用于设置当前输入框元素用于响应 confirm 事件的处理函数，该事件会在点击用于确认的按钮时被触发。
- @keyboardheightchange 属性：该属性用于设置当前输入框元素用于响应 keyboardheightchange 事件的处理函数，该事件会在软键盘高度发生变化时被触发。
- \<button\>标签：该标签用于在用户界面中设置按钮元素。它支持标准 HTML 标签属性以及 Vue.js 指令属性，uni-app 框架还为其设置了如下专有属性。
  - size 属性：该属性用于设置当前按钮元素的大小。
  - type 属性：该属性用于设置当前按钮元素的样式类型，可设置的类型如下。
    - primary：该类型在微信小程序、360 小程序中为绿色，在 HTML5、iOS/Android、百度小程序、支付宝小程序等中为蓝色，在字节小程序为红色，在 QQ 小程序中为浅蓝色。如想统一颜色，建议先将按钮元素的 type 属性设置为 default，然后自行编写 CSS 样式。
    - default：该类型在所有平台中均为白色。
    - warn：该类型在所有平台中均为红色。
  - plain 属性：该属性用于设置当前按钮元素的背景色是否为透明，以呈现镂空效果，默认值为 false。
  - disabled 属性：该属性用于设置当前按钮元素是否已被禁用，默认值为 false。
  - loading 属性：该属性用于设置当前按钮元素是否带有表示载入状态的图标，默认值为 false。

    — form-type 属性：该属性会赋予当前按钮元素在表单中的功能，主要用于触发其所在表单元素的 submit/reset 事件。

    — hover-class 属性：该属性用于设置当前按钮元素在被点击时所要生效的 CSS 样式类，当它的值被设置为 none 时就表示该按钮没有设置被点击时的外观效果。

    — hover-start-time 属性：该属性用于设置当前按钮元素被点住多久之后才呈现 hover-class 属性指定的外观样式，默认值为 20，单位是 ms。

    — hover-stay-time 属性：该属性用于设置当前按钮元素在被放开多久之后才能取消相应的外观样式，默认值为 70，单位是 ms。

    — hover-stop-propagation 属性：该属性用于设置是否禁止在当前按钮上触发的点击事件向上冒泡传播，默认值为 false，即表示禁止其向上冒泡。

- <radio-group>标签：该标签需搭配<radio>标签使用，主要用于在用户界面中设置一组单选按钮元素，一旦其中一个单选按钮被选中，就会触发其 change 事件，我们可以通过该标签的@change 属性来注册相应的事件处理函数。<radio>标签支持标准 HTML 标签属性以及 Vue.js 指令属性，uni-app 框架还为其设置了如下专有属性。

    — value 属性：该属性用于设置当前单选按钮元素的文字标识。当该单选按钮被选中时，<radio-group>组件的 change 事件处理函数就会获得该属性的值。

    — checked 属性：该属性用于设置当前单选按钮元素是否已被选择，默认值为 false。

    — disabled 属性：该属性用于设置当前单选按钮元素是否已被禁用，默认值为 false。

    — color 属性：该属性用于设置当前单选按钮元素中文本的颜色，作用与 CSS 样式类中的 color 属性相同。

- <checkbox-group>标签：该标签需搭配<checkbox>标签使用，主要用于在用户界面中设置一组复选框元素，一旦其中有复选框被选中，就会触发其 change 事件，我们可以通过该标签@change 属性来注册相应的事件处理函数。<checkbox>标签支持标准 HTML 标签属性以及 Vue.js 指令属性，uni-app 框架还为其设置了如下专有属性。

    — value 属性：该属性用于设置当前复选框元素的文字标识。当该复选框被选中时，<radio-group>组件的 change 事件处理函数就会获得该属性的值。

    — checked 属性：该属性用于设置当前复选框元素是否已被选择，默认值为 false。

    — disabled 属性：该属性用于设置当前复选框元素是否已被禁用，默认值为 false。

    — color 属性：该属性用于设置当前复选框元素中文本的颜色，作用与 CSS
      样式类中的 color 属性相同。

- `<picker-view>`标签：该标签用于在用户界面中设置弹出式的列表选择器元
素。它支持标准 HTML 标签属性以及 Vue.js 指令属性，uni-app 框架还为其设
置了如下专有属性。

    — disabled 属性：该属性用于设置当前列表选择器元素是否已被禁用，默
      认值为 false。

    — range 属性：该属性用于设置当前列表选择器元素中的可选项，它的值是
      一个数组类型的对象，对象中的每个元素对应着一个可选项。

    — range-key 属性：该属性用于设置当前列表选择器元素中每一个可选项
      的文本标签，当 range 属性中的每个元素都是一个 JSON 格式的对象时，
      我们需要通过该属性来设置这些可选项在用户界面中显示的文本。

    — value 属性：该属性用于设置当前列表选择器元素中已被选中项在 range
      属性中的索引值，默认值为 0，即表示第一项。

    — selector-type 属性：该属性用于设置当前列表选择器元素在大屏幕状
      态下的样式，有 picker、select、auto 这 3 种选择。

    — @change 属性：该属性用于设置当前列表选择器元素用于响应 change
      事件的处理函数，该事件会在该元素的 value 属性值发生变化时触发。

    — @cancel 属性：该属性用于设置当前列表选择器元素用于响应 cancel
      事件的处理函数，该事件会在选择操作被取消时触发。

- `<switch>`标签：该标签用于在用户界面中设置开关选择器元素。它支持标准
HTML 标签属性以及 Vue.js 指令属性，uni-app 框架还为其设置了如下专有属性。

    — checked 属性：该属性用于设置当前开关选择器元素是否已经被打开，默
      认值为 false。

    — color 属性：该属性用于设置当前开关选择器元素中文本的颜色，作用与
      CSS 样式类中的 color 属性相同。

    — disabled 属性：该属性用于设置当前开关选择器元素是否已被禁用，默
      认值为 false。

    — type 属性：该属性用于设置当前开关选择器元素的样式，有 switch、
      checkbox 两种选择。

    — @change 属性：该属性用于设置当前开关选择器元素用于响应 change
      事件的处理函数，该事件会在该元素的 checked 属性值发生变化时触发。

- `<editor>`标签：该标签用于在用户界面中设置富文本编辑器元素。它支持标准
HTML 标签属性以及 Vue.js 指令属性，uni-app 框架还为其设置了如下专有属性。

- read-only 属性：该属性用于设置当前编辑器元素是否处于只读状态，默认值为 false。
- placeholder 属性：该属性用于设置当前编辑器元素在内容为空时要显示的提示信息。
- show-img-size 属性：该属性用于设置当前编辑器元素是否启用可显示图片大小的控件，默认值为 false。
- show-img-toolbar 属性：该属性用于设置当前编辑器元素是否启用图片工具栏的控件，默认值为 false。
- show-img-resize 属性：该属性用于设置当前编辑器元素是否启用可修改图片大小的控件，默认值为 false。
- @ready 属性：该属性用于设置当前编辑器元素用于响应 ready 事件的处理函数，该事件会在该元素完成初始化时触发。
- @focus 属性：该属性用于设置当前编辑器元素用于响应 focus 事件的处理函数，该事件会在该元素获得输入焦点时触发。
- @blur 属性：该属性用于设置当前编辑器元素用于响应 blur 事件的处理函数，该事件会在该元素失去输入焦点时触发。
- @input 属性：该属性用于设置当前编辑器元素用于响应 input 事件的处理函数，该事件会在该元素中的内容发生变化时触发。

需要说明的是，我们在这里只列出了一些常用组件标签及其常用属性，如果读者希望更全面地了解 uni-app 框架提供的交互组件以及这些组件的完整属性，还需自行去查阅该框架的官方文档，并结合之前 06_uniappdemo 项目中"基础内容"和"表单组件"这两个导航项中的相关示例做进一步的研究。由于本书更倾向于让读者了解如何基于 Vue.js 框架来设计各种前端应用，而并非想取代相关框架的官方文档，所以在这里就不逐一演示这些组件的使用了。在短书评应用的设计中，如果用到上述类型的相关组件，我们会展示相应的代码片段。

11.4 API

在设计完短书评应用的登录界面之后，接下来的任务是实现用户界面背后的业务逻辑。根据之前实现传统 PC 端浏览器应用的经验，用户登录界面的业务逻辑主要应由两项任务组成。首先是向短书评的后端服务发送 HTTP 请求，以调用与登录功能相关的 RESTful API，并接收来自应用后端的响应数据。在登录成功之后，将用户的登录状态保存在前端应用的缓存机制中。对于这些任务的实现，uni-app 框架为我们提供了相应功能的 API。下面，我们就来介绍这些 uni-app 原生接口的使用方法。

11.4.1　网络请求

　　虽然在 uni-app 框架中，我们同样可以使用之前介绍的 axios 这个第三方库来完成与网络请求相关的任务。但在使用 uni-app 框架提供的原生接口就足以完成相关任务的情况下，我们在原则上是不鼓励在前端应用中额外加载第三方库的，毕竟这样做或多或少会拖慢应用程序的加载速度，并占用更多在移动设备中原本就不够充足的存储空间。在 uni-app 框架中，用于执行网络请求任务的原生接口是一个名为 `uni.request()` 的方法，我们在调用该方法时需要提供一个 JSON 格式的对象，并通过该对象的属性设置网络请求的具体参数。下面，让我们来具体介绍该对象可设置的常用属性。

- `url` 属性：该属性用于设置发送请求的目标位置，即我们要调用的 RESTful API 的 URL。
- `data` 属性：该属性用于设置发送请求时所要附带的数据参数，例如我们在登录时要提交的表单数据。
- `header` 属性：该属性用于设置发送请求时所要附带的头信息，例如用于表示登录状态的 cookie 信息等。
- `method` 属性：该属性用于设置发送请求时所使用的请求方法，主要包括 GET、POST、PUT、DELETE 这 4 种方法。
- `timeout` 属性：该属性用于设置发送请求时的超时时间，默认值为 `60000`，单位是 ms。
- `dataType` 属性：该属性用于设置请求数据的类型，默认值为 `json`，这时会尝试对其返回的数据调用 `JSON.parse()` 方法。
- `responseType` 属性：该属性用于设置响应的数据类型，只支持 Android 平台。
- `withCredentials` 属性：该属性用于设置在执行跨域请求时是否携带 cookie 信息，只支持 HTML5 平台。
- `firstIpv4` 属性：该属性用于设置发送请求时对 DNS 解析优先使用 IPv4 地址，只支持 Android 平台。
- `success` 属性：该属性用于设置在发送请求成功时要执行的回调函数。
- `fail` 属性：该属性用于设置在发送请求失败时要执行的回调函数。
- `complete` 属性：该属性用于设置在发送请求结束时要执行的回调函数，该函数无论发送请求成功、失败都会被执行。

　　同样地，上面列出的是 `uni.request()` 方法的调用参数中可设置的属性，在实际调用时往往只需要根据需求来设置其中的一两项，其余大部分属性无须专门设置，让其保持默认设置即可。在我们的短书评应用中，我们在调用登录功能相关的 RESTful API 时，`uni.request()` 方法的调用参数应设置如下。

```
// 假设用户登录的表单数据已经存储在 userData 对象中
uni.request({
    method : 'POST',
    url : 'http://localhost:3000/users/session',
    header : {
        'content-type': 'application/x-www-form-urlencoded'
    },
    data : userData,
    success : function(res) {
        //将返回的响应数据存储在 res.data 对象中
        console.log(res.data);
    },
    fail :  function(res) {
        // 此处省略错误处理代码
    }
});
```

正如读者所见，上述调用的基本方式与我们之前使用的 axios 库的类似，理解起来应该毫无障碍。需要注意的是，当我们使用 POST 方法向应用程序后端发送表单数据时，请务必要记得将请求头信息中的 content-type 值设置为 application/x-www-form-urlencoded，否则后端程序可能会无法正确接收数据。

11.4.2 数据缓存

在成功向短书评应用的后端发送"用户登录"的请求之后，我们接下来的任务就是处理请求返回的响应数据。如果用户登录不成功，我们要做的只是在前端应用中显示具体错误信息，这部分的操作与我们之前使用 axios 库时的做法基本相同，这里就不重复它们的代码实现了。而一旦用户登录成功，为了保持用户的登录状态，我们必须将该状态数据保存到前端应用的本地缓存中。在 uni-app 框架中，前端应用本地缓存中的数据管理任务主要是通过以下 3 个原生接口来完成的。

- uni.setStorage() 方法：该方法的作用是将指定数据添加或更新到本地缓存中，我们在调用该方法时需要提供一个 JSON 格式的对象，该对象可设置的主要属性如下。
  - key 属性：该属性用于设置要存储的数据在本地缓存中的键值，以作为该数据的唯一标识。
  - data 属性：该属性用于设置要存储到本地缓存中的数据，支持 JavaScript 的原生类型及可用 JSON.stringify() 方法序列化的对象
  - success 属性：该属性用于设置缓存数据成功时要执行的回调函数。
  - fail 属性：该属性用于设置缓存数据失败时要执行的回调函数。

— complete 属性：该属性用于设置缓存数据操作结束时要执行的回调函数，
该函数无论缓存数据操作成功、失败都会被执行。
● uni.getStorage()方法：该方法的作用是从本地缓存中获取指定数据，我
们在调用该方法时需要提供一个 JSON 格式的对象，该对象可设置的主要属性
如下。
— key 属性：该属性用于设置要获取的数据在本地缓存中的键值，这是该数
据的唯一标识。
— success 属性：该属性用于设置获取数据成功时要执行的回调函数，获取
到的数据将被存储在该回调函数的形参中。
— fail 属性：该属性用于设置获取数据失败时要执行的回调函数。
— complete 属性：该属性用于设置获取数据操作结束时要执行的回调函数，
该函数无论获取数据操作成功、失败都会被执行。
— uni.removeStorage()方法：该方法的作用是从本地缓存中移除指定数
据，我们在调用该方法时需要提供一个 JSON 格式的对象，该对象可设置
的主要属性如下。
— key 属性：该属性用于设置要移除的数据在本地缓存中的键值，这是该数
据的唯一标识。
— success 属性：该属性用于设置移除数据成功时要执行的回调函数。
— fail 属性：该属性用于设置移除数据失败时要执行的回调函数。
— complete 属性：该属性用于设置移除数据操作结束时要执行的回调函数，
该函数无论移除数据操作成功、失败都会被执行。

需要注意的是，以上 3 个原生接口执行的都是异步操作，如果读者想执行同步操作，
也可以参照 uni-app 框架的官方文档中有关接口的部分，分别调用 uni.setStorage-
Sync()、uni.getStorageSync()、uni.removeStorageSync()这 3 个同步版本的
接口来完成相关的任务。当然，考虑到 JavaScript 代码传统的单线程运行机制，我们建
议读者在非必要的情况下应尽可能避免执行同步操作。在掌握了用于管理前端本地缓存
数据的原生接口的使用方法之后，接下来就可以根据短书评应用的设计需求，初步尝试
着将之前 index.vue 文件中的<script>部分修改如下。

```
<script>
    // 需先执行 npm install blueimp-md5 --save 命令安装该组件
    import md5 from 'blueimp-md5';

    export default {
        data: function() {
            return {
                title: '',
```

```
            user: {
                uid: "",
                isLogin: false
            }
        }
    },
    onLoad: function() {
        // 这是页面 load 事件的处理函数
        // 事件在页面载入时被触发
        const that = this;
        uni.getStorage({
            key: 'user',
            success: function (res) {
                // 将获取到的数据存储在 res.data 对象中。
                // console.log(res.data);
                that.user = JSON.parse(res.data);
                if(that.user.isLogin) {
                    that.getUserMessage(that.user.uid);
                }
            }
        });
    },
    methods: {
        login: function(event) {
            // 这是表单 submit 事件的处理函数
            const formdata = event.detail.value;
            const userData =  {
                user: formdata.userName,
                passwd: md5(formdata.password)
            };
            const that = this;
            uni.request({
                method : 'POST',
                url : 'http://localhost:3000/users/session',
                header: {
                    // 为正确提交表单数据，这项头信息设置必不可少
                    'content-type': 'application/x-www-form-urlencoded'
                },
                data : userData,
                success : function(res) {
                    // 将返回的响应数据存储在 res.data 对象中
                    // console.log(res.data);
                    if(res.statusCode === 200) {
                        that.user.uid = res.data[0].uid;
                        that.user.isLogin = true;
```

```
            uni.setStorage({
                key: 'user',
                data: JSON.stringify(that.user),
                success: function () {
                    console.log('setStorage success');
                    that.getUserMessage(that.user.uid);
                }
            });
        }
    },
    fail :  function(res) {
        // 将返回的错误存储在 res.data 对象中
        // console.log(res.data);
        // 此处省略错误处理代码
    }
});
},
logout: function() {
    this.user.isLogin = false;
    this.user.uid = "";
    uni.removeStorage({
        key: 'user',
        success: function () {
            console.log('removeStorage success');
        }
    });
},
getUserMessage: function(uid) {
    const that = this;
    uni.request({
        url : 'http://localhost:3000/users/' + uid,
        header: {
            // 请务必记得手动设置 cookie, 以传递登录状态
            'cookie': 'uid=' + that.user.uid
        },
        success : function(res) {
            // 将返回的响应数据存储在 res.data 对象中
            // console.log(res.data[0]);
            that.title = `欢迎回来, ${res.data[0].userName}! `;
        },
        fail :  function(res) {
            // 将返回的错误存储在 res.data 对象中
            // console.log(res.data);
            // 此处省略错误处理代码
        }
```

```
            });
        }
    }
}
</script>
```

这样一来,当我们再次在微信小程序模拟器中运行该短书评应用,并输入正确的用户名和密码登录之后,就会看到该应用的欢迎界面了,如图 11-5 所示。

图 11-5 短书评应用的欢迎界面

11.5 本章小结

在本章中,我们继续以短书评项目为例,着重介绍了如何使用 uni-app 框架来实现移动端的单页面应用。本章内容主要由 3 个部分组成:我们首先演示了如何对一个新建的 uni-app 项目进行应用程序的全局配置;然后,我们又陆续介绍了由 uni-app 框架提供的部分常用的用户界面组件,并演示了如何利用这些组件来设计短书评应用的登录界面;最后,我们还介绍了如何利用 uni-app 框架的原生接口来调用后端的 RESTful API,并对前端应用的本地缓存进行数据管理。

至此,短书评应用在移动端的用户登录功能就算是有了一个基本的单页面实现,我们将在第 12 章中继续演示如何将其扩展成一个功能更为丰富的多页面实现。

第 12 章　uni-app 项目实践（下篇）

在本章中，我们将继续演示短书评应用在移动端的其他功能实现，并以此来介绍如何基于 uni-app 框架来实现一个面向移动端的多页面应用。在学习完本章内容之后，希望读者能够：

- 了解并掌握如何使用 uni-app 框架提供的导航组件及相关接口实现多个页面之间的跳转和数据传递；
- 了解 uni-app 框架中所定义的生命周期，并能利用生命周期及其他事件的处理函数完成特定的操作。

12.1　页面跳转操作

在 uni-app 框架中，除了位于用户界面底部的 tabBar 可用于顶级页面间的导航，其他大部分页面的跳转操作都是借由<navigator>这个专用的导航组件标签，或者 uni.navigateTo()、uni.redirectTo()等一系列页面跳转接口来实现的。下面，就让我们来分别介绍这两种可用于实现页面跳转操作的方法。

12.1.1　导航组件标签

<navigator>是 uni-app 框架提供的导航组件标签，该标签在页面中的作用与 HTML 标准中的<a>标签非常类似，只不过它只能跳转到在当前项目中的本地页面，且必须是在 pages.json 文件的路由表选项中配置过的页面，并不支持针对外部资源文件的跳转操作。在 uni-app 框架的定义中，我们在使用<navigator>组件标签时可设置如下

常用属性。

- url 属性：该属性用于设置当前导航组件标签所要跳转页面的路径，它可以被设置为目标页面的相对路径或绝对路径，但该路径指向的必须是已在 pages.json 文件的路由表选项中配置过的页面。另外在必要的时候，这些路径的后面是可以附带参数的，我们只需要在参数与路径之间使用"?"分隔，在参数名与参数值之间则用"="连接，且不同参数之间用"&"分隔即可。
- open-type 属性：该属性用于设置执行页面跳转操作的具体方式，它可供选择的设置值如下。
  - navigate：open-type 属性的默认值，导航组件标签在执行跳转操作时会将当前页面保留至后台，然后跳转至目标页面。
  - redirect：在 open-type 属性被设置为该值的情况下，导航组件标签在执行跳转操作时会关闭当前页面，并跳转至目标页面。
  - switchTab：在 open-type 属性被设置为该值的情况下，导航组件标签在执行跳转操作时会在跳转到指定 tabBar 页面的同时关闭其他所有非 tabBar 页面。
  - reLaunch：在 open-type 属性被设置为该值的情况下，导航组件标签在执行跳转操作时会关闭当前所有页面，并跳转至目标页面。
  - navigateBack：在 open-type 属性被设置为该值的情况下，导航组件标签在执行跳转操作时会关闭当前页面，并返回上一级页面。
  - exit：该值仅在导航组件标签的 target 属性被设置为 miniProgram 时生效，作用是关闭当前所有页面，并退出小程序。
- delta 属性：该属性的值仅在导航组件标签的 open-type 属性被设置为 navigateBack 时生效，它的值是一个数字，用于设置当前导航组件标签要返回到当前页面的第几层上级页面。
- animation-type 属性：该属性的值仅在当前导航组件标签的 open-type 属性被设置为 navigate 或 navigateBack 时生效，它只支持 pop-in/pop-out 两个值，用于设置相关页面显示/关闭时的动画效果。
- animation-duration 属性：该属性的值仅在当前导航组件标签的 open-type 属性被设置为 navigate 或 navigateBack 时生效，它的值是一个数字，用于设置相关页面显示/关闭时动画的持续时间，默认值为 300，单位是 ms。
- hover-class 属性：该属性用于设置当前导航组件标签在被点击时所要生效的 CSS 样式类，当它的值被设置为 none 时就表示该元素没有设置被点击时的外观效果。
- hover-start-time 属性：该属性用于设置当前导航组件标签被点住后多久之后才呈现 hover-class 属性指定的外观样式，默认值为 50，单位是 ms。

- hover-stay-time 属性：该属性用于设置当前导航组件标签在被放开多久之后才能取消相应的外观样式，默认值为 600，单位是 ms。
- hover-stop-propagation 属性：该属性用于设置是否禁止在当前导航组件标签上触发的点击事件向上冒泡传播，默认值为 false，即表示禁止其向上冒泡。
- target 属性：该属性用于设置当前导航组件标签在哪个小程序目标上发生跳转，只支持 self/miniProgram 两个值，默认值为 self。

12.1.2　页面跳转接口

当然，如果我们不想在页面定义的用户界面中单独设置一个导航组件标签，也可以选择使用 uni-app 框架提供的一组可实现相同功能的 API 的方法。通过这些接口方法，我们就可以在其他用户界面组件的相关事件处理函数中实现页面跳转操作了。下面，让我们来详细介绍这些接口方法及其调用参数。

- uni.navigateTo() 方法：该方法会先将当前页面保留至后台，再跳转至目标页面，以便之后可以通过在目标页面中调用 uni.navigateBack() 方法返回到当前页面。我们在调用该方法时需要提供一个 JSON 格式的对象，该对象可设置的主要属性如下。
  - url 属性：该属性用于设置目标页面所在的路径，在这里，目标页面必须是在 pages.json 文件中配置过的非 tabBar 页面。它的值可以是相对路径或绝对路径，路径后可以带参数。参数与路径之间使用"?"分隔，参数名与参数值用"="连接，且不同参数之间用"&"分隔，而目标页面可在其 onLoad() 事件处理函数中接收这些参数。
  - animation-type 属性：该属性只支持 pop-in 一个值，用于设置相关页面显示时的动画效果。
  - animation-duration 属性：该属性的值是一个数字，用于设置相关页面显示时动画的持续时间，默认值为 300，单位是 ms。
  - events 属性：该属性的值是一个可自定义的事件监听函数，主要用于监听被打开页面发送到当前页面的数据。
  - success 属性：该属性用于设置接口调用成功时要执行的回调函数，我们可以通过该函数实参的 eventChannel 属性实现页面间通信。
  - fail 属性：该属性用于设置接口调用失败时要执行的回调函数。
  - complete 属性：该属性用于设置接口调用结束时要执行的回调函数，该函数无论接口调用成功、失败都会被执行。
- uni.redirectTo() 方法：该方法会先关闭当前页面，再跳转至目标页面，这意味着我们之后将无法通过在目标页面中调用 uni.navigateBack() 方法返回到当前页面。我们在调用该方法时需要提供一个 JSON 格式的对象，该对象可设置的主要属性如下。

- url 属性：该属性用于设置目标页面所在的路径，在这里，目标页面必须是在 pages.json 文件中配置过的非 tabBar 页面。它的值可以是相对路径或绝对路径，路径后可以带参数。参数与路径之间使用 "?" 分隔，参数键与参数值用 "=" 连接，不同参数用 "&" 分隔，而目标页面可在其 onLoad() 事件处理函数中接收这些参数。
- success 属性：该属性用于设置接口调用成功时要执行的回调函数。
- fail 属性：该属性用于设置接口调用失败时要执行的回调函数。
- complete 属性：该属性用于设置接口调用结束时要执行的回调函数，该函数无论接口调用成功、失败都会被执行。

- uni.reLaunch() 方法：该方法会先关闭当前所有页面，再跳转至目标页面，这种情况下也无法通过在目标页面中调用 uni.navigateBack() 方法返回到当前页面。我们在调用该方法时需要提供一个 JSON 格式的对象，该对象可设置的主要属性如下。

  - url 属性：该属性用于设置目标页面所在的路径，在这里，目标页面必须是在 pages.json 文件的路由表选项中配置过的页面。如果该页面是非 tabBar 页面，它的值可以是相对路径或绝对路径，路径后可以带参数。参数与路径之间使用 "?" 分隔，参数键与参数值用 "=" 连接，不同参数用 "&" 分隔，而目标页面可在其 onLoad() 事件处理函数中接收这些参数。而如果目标页面是 tabBar 页面，则它的值只能设置为不带参数的路径。
  - success 属性：该属性用于设置接口调用成功时要执行的回调函数。
  - fail 属性：该属性用于设置接口调用失败时要执行的回调函数。
  - complete 属性：该属性用于设置接口调用结束时要执行的回调函数，该函数无论接口调用成功、失败都会被执行。

- uni.switchTab() 方法：该方法会先跳转到指定 tabBar 页面，然后关闭其他所有非 tabBar 页面。我们在调用该方法时需要提供一个 JSON 格式的对象，该对象可设置的主要属性如下。

  - url 属性：该属性用于设置目标页面所在的路径，在这里，目标页面必须是在 pages.json 文件中配置过的 tabBar 页面，它的值只能设置为不带参数的路径。
  - success 属性：该属性用于设置接口调用成功时要执行的回调函数。
  - fail 属性：该属性用于设置接口调用失败时要执行的回调函数。
  - complete 属性：该属性用于设置接口调用结束时要执行的回调函数，该函数无论接口调用成功、失败都会被执行。

- uni.navigateBack() 方法：该方法会先关闭当前页面，然后返回上一页面

或多级页面，它可通过调用 getCurrentPages() 方法来读取当前应用程序的
页面堆栈，决定需要返回几层。我们在调用该方法时需要提供一个 JSON 格式
的对象，该对象可设置的主要属性如下。

- delta 属性：该属性的值是一个数字，用于设置当前导航组件标签要返回
  到当前页面的第几层上级页面。
- animation-type 属性：该属性只支持 pop-out 一个值，用于设置相关
  页面关闭时的动画效果。
- animation-duration 属性：该属性的值是一个数字，用于设置相关页
  面关闭时动画的持续时间，默认值为 300，单位是 ms。

在这里需要特别说明的是，只有在调用 uni.navigateTo() 方法执行页面跳转操
作时，调用该方法的页面才会被保存到应用程序的页面堆栈中，然后，我们在目标页面
中就可以通过调用 uni.navigateBack() 方法返回到原页面上，而 uni.redirectTo()
等其他方法执行的页面跳转操作都不支持这一功能。对于页面跳转时呈现的动画效果，
我们既可以在调用页面跳转接口或使用导航组件标签时设置，也可以在 pages.json
文件中配置页面路由表时设置，其优先级为：[接口]=[组件]＞[路由表]。除此之外，
如果读者还想更全面地了解上述接口的具体细节，也可以自行查阅 uni-app 框架的官方
文档中有关页面导航接口的部分。

下面，让我们回到短书评的移动端项目中来具体示范页面跳转操作的实现。相信细心
的读者应该已经发现了，之前实现的用户登录页面还缺少一个允许新用户注册的重要功
能。假设我们现在打算用一个独立的页面来实现用户注册功能，就必须要在当前的用户登
录页面中提供一个能跳转到用户注册页面的用户界面元素。这时候较为简单的方式就是直
接在该页面中设置一个<navigator>标签。为此，我们需要先在[项目根目录]/src/
pages/目录下创建一个名为 signup 的目录，并在其中创建相应名称的页面文件。然后
将新页面文件注册到 pages.json 文件中的 pages 选项中，该页面的路由配置方式与之
前页面的基本相同，具体如下。

```
"pages": [
    // 此处省略之前配置的页面
    {
        "path": "pages/signup/signup",
        "style": {
            "navigationBarTitleText": "新用户注册"
        }
    }
]
```

这样一来，这个新建的页面就被成功注册到当前 uni-app 项目的路由表中，并且可以在
页面跳转操作中使用该页面的路径了。接下来，我们要做的就是打开之前的 index.vue

页面文件，并在其<template>部分中添加能跳转到"新用户注册"页面的<navigator>标签，具体如下。

```
<template>
    <view class="content">
        <view v-if="user.isLogin">
            <image class="logo" src="/static/logo.png"></image>
            <view class="text-area">
                <text class="title">{{title}}</text>
            </view>
            <view class="formBtn">
                <button @click="logout">退出登录</button>
            </view>
        </view>
        <view v-if="!user.isLogin">
            <image class="logo" src="/static/logo.png"></image>
            <text class="title">请先登录你的账户：</text>
            <form class="form" @submit="login">
                <view class="inputWrapper">
                    <input name="userName" placeholder="请输入用户名" />
                </view>
                <view class="inputWrapper">
                    <input name="password" password="true"
                            placeholder="请输入密码" />
                </view>
                <view class="formBtn">
                    <button class="submit" form-type="submit">登录</button>
                    <button class="reset" form-type="reset">重置</button>
                </view>
            </form>
            <!-- 在此处添加导航标签 -->
            <navigator url="/pages/signup/signup"> >>> 新用户注册</navigator>
        </view>
    </view>
</template>
```

这样一来，我们就会在原来的登录表单下面看到一个带有">>>新用户注册"字样的导航链接。最后，我们可以打开刚刚创建的 signup.vue 页面文件，将用户注册页面定义如下。

```
<template>
    <view class="content">
        <view>
            <image class="logo" src="/static/logo.png"></image>
            <text class="title">新用户注册：</text>
```

```
        <form class="form" @submit="signup">
            <view class="inputWrapper">
                <input name="userName" placeholder="请输入用户名" />
            </view>
            <view class="inputWrapper">
                <input name="password" password="true"
                        placeholder="请输入密码" />
            </view>
            <view class="inputWrapper">
                <input name="repassword" password="true"
                        placeholder="请重复密码" />
            </view>
            <view class="formBtn">
                <button class="submit" form-type="submit">注册</button>
                <button class="reset" form-type="reset">重置</button>
            </view>
        </form>
    </view>
</view>
</template>

<script>
    import md5 from 'blueimp-md5';

    export default {
        data: function() {
            return {}
        },
        methods: {
            signup: function(event) {
                // 这是表单 submit 事件的处理函数
                const formdata = event.detail.value;
                if (formdata.password !== formdata.repassword) {
                    // 提示用户确认密码
                }
                const userData = {
                    user: formdata.userName,
                    passwd: md5(formdata.password)
                };
                uni.request({
                    method : 'POST',
                    url : 'http://localhost:3000/users/newuser',
                    header: {
                        // 为正确提交表单数据，这项头信息设置必不可少
                        'content-type': 'application/x-www-form-urlencoded'
                    },
                    data : userData,
```

```
        success : function(res) {
            if (res.data === 'user_added') {
                // 先提示注册成功，再调用以下方法
                uni.navigateBack();
            }
        },
        fail :  function(res) {
            // 将返回的错误信息存储在 res.data 对象中
            // 此处省略错误处理代码
        }
    });
        }
      }
    }
</script>
<!-- 样式部分暂且省略 -->
```

正如读者所见，上述用户注册页面的实现方式与我们之前在传统 PC 端浏览器的基本相同，唯一的区别是这里我们使用了 **uni-app** 框架提供的用户界面组件标签和专用的 API，该页面效果如图 12-1 所示。这里需要请读者留意的是：在收到表示用户注册成功的响应消息之后，我们是通过调用 `uni.navigateBack()` 方法返回到之前的用户登录页面的，此处演示的正是之前介绍的第二种页面跳转方式。

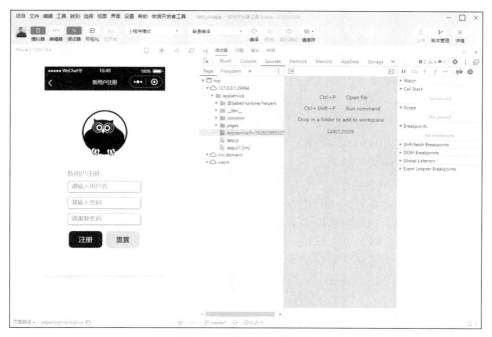

图 12-1 新用户注册页面

12.2　生命周期函数

正如之前所说，页面跳转操作时常伴随着页面对象本身在内存中的创建、初始化以及销毁善后等动作，如果我们想对这些动作进行干预，就需要通过实现相应的生命周期函数来达成自己的设计意图。和 Vue.js 框架一样，uni-app 框架也为应用程序在内存中的活动定义了应用程序、页面、组件三级生命周期，开发者可以根据自己要执行相关操作的具体时机来定义相应级别的生命周期函数。下面，我们就来分别介绍这 3 个级别的生命周期及其可注册的事件处理函数。

12.2.1　页面生命周期

如果我们想在页面创建过程中的某一时刻执行某些指定的初始化操作，或者在页面销毁过程中的某一时刻执行某些指定的善后操作，就可以根据自己的需求来注册相应的页面生命周期函数。在 uni-app 框架中，页面对象可注册的常用生命周期函数如下。

- onInit() 函数：该生命周期函数用于响应页面对象的初始化事件，其参数是一个可接收上级页面所传递数据的对象。
- onLoad() 函数：该生命周期函数用于响应页面对象的载入事件，其参数也是一个可接收上级页面所传递数据的对象。
- onShow() 函数：该生命周期函数用于响应页面对象的显示事件，即页面每次出现在屏幕上时触发。
- onReady() 函数：该生命周期函数用于响应页面对象的渲染完成事件，即在页面完成进入动画时触发。
- onHide() 函数：该生命周期函数用于响应页面对象的隐藏事件，即在页面每次被隐藏时触发。
- onUnload() 函数：该生命周期函数用于响应页面对象的卸载事件，即在页面被卸载时触发。
- onResize() 函数：该生命周期函数用于响应页面对象所在窗口的尺寸变化。
- onPullDownRefresh() 函数：该生命周期函数用于响应页面对象的下拉事件，一般用于处理下拉刷新操作。
- onReachBottom() 函数：该生命周期函数用于响应页面对象的触底事件，通常在页面滚动到底部时触发。
- onTabItemTap() 函数：该生命周期函数用于响应页面对象的 tab 被点击事件，通常在页面的底部 tabBar 中的某项 tab 被点击时触发。
- onShareAppMessage() 函数：该生命周期函数用于响应页面对象的分享事件，通常在页面右上角的分享按钮被点击时触发。

- onPageScroll()函数：该生命周期函数用于响应页面对象的滚动事件，通常在页面被滚动时触发。
- onNavigationBarButtonTap()函数：该生命周期函数用于响应页面对象的导航栏按钮事件，通常在页面顶部的导航栏按钮被点击时触发。
- onBackPress()函数：该生命周期函数用于响应页面对象的返回事件，通常在页面返回上级页面时触发。

和之前一样，我们在上面也只是列出了一些常用的页面生命周期函数，如果读者希望更全面地了解 uni-app 框架定义的页面生命周期函数，以及这些事件函数的触发条件和参数的作用，还需自行去查阅该框架的官方文档。我们在这里基于篇幅的考虑，就不对一些面向特定小程序平台的事件函数（例如响应朋友圈分享的事件函数）进行专门的说明了。下面，让我们来简单示范页面生命周期函数的使用方法。以当前这个短书评的移动端应用项目为例，如果我们希望在 books.vue 页面载入时读取后端数据库中的图书列表，并将其显示在该页面中，就可以在该页面文件的<script>标签中像下面这样定义 onLoad()函数。

```
<script>
    export default {
        data: function() {
            return {
                books: []
            };
        },
        onLoad: function() {
            // 将获取图书列表的操作封装
            // 以备将来重复调用
            this.getBooks();
        },
        methods: {
            getBooks: function() {
                const that = this;
                uni.request({
                    method : 'GET',
                    url : 'http://localhost:3000/books/list/',
                    success : function(res) {
                        if(res.statusCode === 200) {
                            that.books = res.data;
                        }
                    },
                    fail :  function(res) {
                        // 将返回的错误存储在 res.data 对象中
```

```
                // console.log(res.data);
                // 此处省略错误处理代码
            }
        });
    }
  }
}
</script>
```

接下来,我们就可以利用 v-for 指令和uni-app 框架提供用户界面组件将存储在books中的数据显示在页面中了,其基本设计思路与我们之前在第 9 章中创建的 booklist 组件类似。例如在最简单的情况下,我们可以将上述代码所在页面的<template>部分设计如下。

```
<template>
    <view class="content">
        <view class="book-list">
            <view class="book" v-for="book in books" :key="book.bid">
                <view class="image-view">
                    <image class="book-image" :src="book.bookFace"></image>
                </view>
                <view class="book-title">
                  <navigator
                  :url="'/pages/bookmessage/bookmessage?bookid='+book.bid">
                        《{{book.bookName}}》
                  </navigator>
                </view>
            </view>
        </view>
    </view>
</template>
```

对于上述代码,有一处细节需要读者特别留意：我们在图书列表中除了显示每一本书的封面图外,还在其书名上设置了一个可前往图书详情页的导航组件标签,而这些导航组件标签所执行的都是带有参数的页面跳转操作。在 uni-app 框架中执行带参数的页面跳转操作时,目标页面的 onLoad() 函数还必须承担接收外部参数的任务,例如当我们点击 books.vue 页面中每一本书的书名所在的导航组件时,其跳转的目标 URL 中附带了一个名为 bookid 的参数。为此,我们可以在 bookmessage.vue 页面中像下面这样定义它的 onLoad() 函数。

```
<script>
    export default {
        data: function() {
            return {
```

```
                bookName: '',
                bookFace: '',
                authors: '',
                publishingHouse: '',
                publishDate: new Date()
            };
        },
        onLoad: function(option) {
            // 将外部传递的参数存储在 option 对象中
            // 可通过 option.[参数名] 的方式来访问
            // console.log(option.bookid)
            const that = this;
            uni.request({
                method : 'GET',
                url : 'http://localhost:3000/books/' + option.bookid,
                success : function(res) {
                    if(res.statusCode === 200 &&
                        res.data.length == 1) {
                        that.bookFace = res.data[0].bookFace;
                        that.bookName = res.data[0].bookName;
                        that.authors = res.data[0].authors;
                        that.publishingHouse = res.data[0].publishingHouse;
                        that.publishDate
                            = res.data[0].publishDate.toLocaleDateString();
                    }
                },
                fail :  function(res) {
                    // 将返回的错误存储在 res.data 对象中
                    // console.log(res.data);
                    // 此处省略错误处理代码
                }
            });
        }
    }
}
</script>
```

　　正如读者所见，由导航组件标签或跳转界面所传递的参数都会以其指定的名称被挂载到 onLoad() 函数的 option 参数对象中，我们可以通过 option.[参数名]这样的表达式来读取它们。例如在上面的导航组件标签中，我们在跳转到 bookmessage.vue 页面时将要传递的参数名设置为 bookid，所以在目标页面的 onLoad() 函数中，就可以通过 option.bookid 这个表达式来读取到这个外部参数所传递的值。这样一来，我们就可以根据外部提供的具体 bookid 值向应用程序的后端数据库查询指定图书的详细信息了。

12.2.2　组件生命周期

如果我们想要执行的是页面内某些自定义组件的数据初始化或销毁善后等与生命周期相关的操作，就需要定义比页面低一级的自定义组件对象的生命周期函数。在 uni-app 框架中，组件对象可注册的常用生命周期函数如下。

- beforeCreate() 函数：该生命周期函数会在组件对象完成创建之前被调用，主要用于执行组件创建前的准备操作。
- created() 函数：该生命周期函数会在组件对象完成创建之后被立即调用，主要用于执行组件在完成创建之后的数据初始化任务。
- beforeMount() 函数：该生命周期函数会在组件对象挂载动作开始之前被调用，主要用于执行组件被挂载到其他元素上之前的准备操作。
- mounted() 函数：该生命周期函数会在组件对象被挂载到页面对象之后被调用，主要用于执行组件被挂载到其他元素上时要处理的任务。
- beforeUpdate() 函数：该生命周期函数会在组件对象中的数据发生更新之前被调用，主要用于执行组件在接收新数据之前的准备操作。
- updated() 函数：该生命周期函数会在组件对象由于数据更改导致的虚拟 DOM 重新渲染时被调用，以便应对数据更新带来的变化。
- beforeDestroy() 函数：该生命周期函数会在组件对象完成销毁动作之前被调用，主要用于执行组件在被销毁之前要处理的任务。
- destroyed() 函数：该生命周期函数会在组件对象完成销毁动作之后被调用，主要用于执行组件在被销毁之后的善后操作。

相信细心的读者已经发现了，以上所列出的生命周期函数实际上就是 Vue.js 框架中自定义组件的生命周期函数，它们的使用方式与我们之前在第 8 章、第 9 章中介绍的在传统 PC 端浏览器项目中使用 Vue.js 自定义组件的方式并无不同，这里同样基于篇幅因素的考虑，就不重复介绍了。

12.2.3　应用生命周期

如果我们想要执行的是一些跨页面、全局性的生命周期操作，就需要定义比页面高一级的应用实例的生命周期函数。在 uni-app 框架中，应用实例可注册的常用生命周期函数如下。

- onLaunch() 函数：该生命周期函数主要用于执行应用实例的初始化操作，且仅在应用程序启动时执行一次。
- onShow() 函数：该生命周期函数用于处理应用实例的用户界面被显示时要执行的操作。

- onHide()函数：该生命周期函数用于处理应用实例的用户界面被隐藏时要执行的操作。
- onError()函数：该生命周期函数用于处理应用实例在运行过程中出错时要执行的操作。
- onUniNViewMessage()函数：该生命周期函数用于处理应用实例的用户界面数据发生变化时要执行的操作。
- onPageNotFound()函数：该生命周期函数用于处理应用实例在载入不存在的页面时要执行的操作。
- onThemeChange()函数：该生命周期函数用于处理应用实例使用的系统主题变化时要执行的操作。

需要特别注意的是，应用实例的生命周期函数只能在 App.vue 文件及其外链的 JavaScript 源文件中定义，在其他地方定义它们是无效的。在创建基于 uni-app 框架的项目时，如果我们选择的是默认模板，就会在[项目根目录]/src/App.vue 文件的<script>部分中看到如下代码。

```
<script>
    export default {
        onLaunch: function() {
            console.log('App Launch');
        },
        onShow: function() {
            console.log('App Show');
        },
        onHide: function() {
            console.log('App Hide');
        }
    };
</script>
```

然后，当我们启动应用程序时就会看到调试工具的控制台中会依照应用生命周期事件的触发顺序输出"App Launch"和"App Show"两条字符串信息，而"App Hide"这条字符串则会在应用程序被切换至后台时输出。如果读者希望在这些时间点上执行一些特定的操作，在相应的生命周期函数中将输出字符串的函数调用替换成自定义的代码即可。当然，如果我们无须在上述任何应用实例的生命周期执行特定的操作，也应该要记得在应用程序发布之前删掉这些不必要的生命周期函数定义，以减少由于函数调用操作所带来的执行效率损耗。

12.3 应用程序打包

待成功地实现了短书评应用在移动端的所有功能之后，最后一步要做的就是让 uni-app

框架真正发挥其**一套代码、多平台发布**的优势。换言之就是，uni-app 框架允许开发者根据自己的需求将同一份代码实现打包并发布到不同的运行平台上去。接下来，就让我们分别以 HTML5、微信小程序平台为例来简单介绍一下 uni-app 项目的打包、发布步骤。

12.3.1 发布为 HTML5 应用

在 uni-app 项目中，将应用程序打包发布到 HTML5 平台的步骤是较为简单的，因为它执行的基本上就是 Vue.js 框架的原生构建操作。在该过程中，开发者首先要做的是确保项目代码中所有调用 RESTful API 时所使用的地址都是该后端服务实际部署的 URL。具体来说，就是假设短书评应用后端的这些 API 被发布到了 api.05_bookcomment. com 这个域名（该域名纯属虚构，如有雷同，实属巧合）下，那么在应用程序发布之前，我们首先要做的就是将项目中所有 URL 中的 `localhost：3000` 字符串替换成 `api.05_ bookcomment.com`。在实际项目中，为了更方便地在应用程序发布和后期维护时执行可能的后端服务地址变更操作，我们通常会选择在一开始就将应用程序的后端服务的域名设置为一个全局变量，并在项目中使用该全局变量来调用后端的 API。

接下来，我们需要使用 VSCode 或 HBuilderX 打开 uni-app 项目的 `manifest.json` 文件，并配置其中的 `h5` 打包选项。HBuilderX 还为该配置操作提供了更简单、直观的图形化界面，如图 12-2 所示。

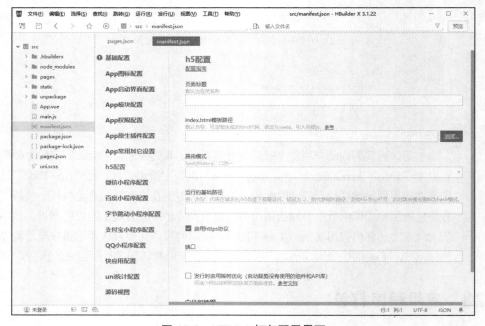

图 12-2　HTML5 打包配置界面

在图 12-2 所示的界面中,我们需要填写页面标题、路由模式等一系列必要的选项[1]。待一切配置工作完成之后,我们就可以在 VSCode 的集成终端中进入 uni-app 项目的根目录中执行 `npm run build:h5` 命令,或在 HBuilderX 中依次单击「发行」→「网站-PC Web 或手机 H5」,然后就可以在项目的生成目录中得到一个纯 HTML+JavaScript+CSS 的 Web 应用程序(通常位于[项目根目录]/dist/build/h5 目录中),最后将生成目录中的内容发布到指定 HTTP 服务器上即可。

12.3.2 发布为微信小程序

相对来说,将 uni-app 项目发布到微信小程序平台的步骤则要复杂一些。在应用程序发布的准备阶段,除了同样需要先确保项目代码中所有调用 RESTful API 时所使用的地址都是该后端服务实际部署的 URL,我们还需要事先去"微信公众平台"上获得一个用于开发小程序的 AppID,并在登录微信公众平台之后,依次单击「开发」→「开发设置」→「服务器域名」,在打开的配置页面中将调用 RESTful API 时所使用的地址填写进去。

接下来,我们需要使用 VSCode 或 HBuilderX 打开 uni-app 项目的 manifest.json 文件,配置其中的 mp-weixin 选项。HBuilderX 还为该配置操作提供了更简单、直观的图形化界面,如图 12-3 所示。

图 12-3 微信小程序打包配置界面

---

1 有关具体配置的内容,读者可自行参考 uni-app 框架的官方文档中关于 HTML5 打包配置选项的说明。

在图 12-3 所示的界面中，我们需要填写从微信公众平台上获得的 AppID，以及 ES6 标准的支持选项等必要的选项 [1]。待一切配置工作完成之后，我们就可以在 VSCode 的集成终端中进入 uni-app 项目的根目录中执行 `npm run build:mp-weixin` 命令，或在 HBuilderX 中依次单击「发行」→「小程序-微信」，然后就可以在项目的生成目录中得到一个可在微信小程序平台上部署的应用程序（通常位于 `[项目根目录]/dist/build/mp-weixin` 目录中）。最后，我们只需要用微信开发者工具打开该应用程序的生成目录，并将该目录下所有的内容上传到微信公众平台上。微信官方审查通过之后，应用程序的微信小程序版本的打包、发布就成功完成了。

除此之外，uni-app 项目也可以被打包并发布成 Android/iOS 应用程序，其操作思路与前面介绍的大同小异，只不过要做的准备工作会更多一些，例如我们需要准备应用程序的桌面图标、启动界面的图片等；要配置的打包选项也会更复杂一些，例如会用到 SDK 和特定组件等。读者可以自行参考 uni-app 框架的官方文档来进行配置[2]，我们在这里就不再展开讨论了。

12.4   本章小结

在本章中，我们接着第 11 章的内容继续为读者介绍了基于 uni-app 框架来创建移动端应用所需要掌握的基础知识。在此过程中，我们首先介绍的是如何使用导航组件标签与页面跳转接口实现应用程序内的多页面跳转，以及如何在执行跳转操作的过程中传递数据。然后，我们又对 uni-app 框架中为应用实例、页面对象以及组件对象定义的常用生命周期函数做了详细的介绍，并简单地演示了如何使用这些函数接收来自其他页面的参数，并根据这些参数来实现当前页面的数据初始化任务。最后，我们还以 HTML5 和微信小程序为例，为读者简单演示了如何将 uni-app 项目打包、发布成面向各种具体运行平台的应用程序，以真正发挥出 uni-app 框架"**一套代码，多平台发布**"的设计优势。

必须再次强调的是，本章以及第 11 章中所有关于短书评应用在移动端的实现代码都是基于本书各章节中的代码占比及其阅读体验等众多写作因素进行了平衡考虑之后产生的简化版本，其中省略了绝大部分与错误处理及实现其他辅助功能相关的代码。因此，如果想了解实际项目中某些具体问题的解决方案，还需请读者自己去查阅本书附带的源码包中 `05_bookComment` 项目下面的 `mobileclient` 子项目。

---

1 有关具体配置的内容，读者可自行参考 uni-app 框架的官方文档中关于微信小程序打包选项的说明。
2 有关具体配置的内容，读者可自行参考 uni-app 框架的官方文档中关于 App+打包配置选项的说明。